三分做人
七分做思路

张 月 编著

辽海出版社

图书在版编目（CIP）数据

三分做人七分做思路 / 张月编著 . —沈阳：辽海
出版社，2017.10

ISBN 978-7-5451-4420-8

Ⅰ．①三… Ⅱ．①张… Ⅲ．①成功心理—通俗读物
Ⅳ．① B848.4-49

中国版本图书馆 CIP 数据核字（2017）第 247758 号

三分做人七分做思路

责任编辑：柳海松
责任校对：顾　季
装帧设计：廖　海
开　　本：630mm×910mm
印　　张：14
字　　数：174 千字
出版时间：2018 年 3 月第 1 版
印刷时间：2018 年 3 月第 1 次印刷

出版者：辽海出版社
印刷者：北京一鑫印务有限责任公司

ISBN 978-7-5451-4420-8　　　　　定　　价：68.00 元

序 言

　　每一个人生活在现实社会中，都渴望着成功，而且很多有志之士为了心中的梦想，付出了很多，然而得到的却很少，这个问题不能不引起人们的深思：你不能说他们不够努力，不够勤劳，可为什么偏偏落得个一事无成的结局呢？这值得我们每一个人去认真思考。

　　一个人的人生态度，决定一个人的做人走势和走向，也反映了一个人的道德品质。一个人做事的方法，决定了一个人做事的优劣和做事的成败。要想在人生这个大舞台上安身立命，扬名立万，就需要在做人和做事上有独到的技巧和方法，这些诀窍总结起来就是"用心"和"用脑"。人生的成功看似艰难神秘，其实本质上都大可归纳为：用心＋用脑＋些许运气＝成功。

　　所以说，要想做好一件事，首先要做好自己。

　　但是，在做好自己的同时，做事的思路也特别重要。如果完成一件事情按十分来算的话，里面三分靠的是做人，剩下的七分靠的就是做事的思路。人们常说"思路决定命运"，"有什么样的思路，就有什么样的命运。"面对同一件事情，因为思路的不同，看问题的角度便不同，导致问题的结果也会截然不同。因此，人的命运也就发生了翻天覆地的变化。

　　在现如今这个经济大发展的浪潮下，更体现出了思路决定着命运。对于一个平常人来说，没有好的正确的思路，就没有适合创业的精明头脑，那么命运也就无法改变，只能做一个平庸的人；对于一个员工来说，没有好的正确的思路，便拿不出切实可行的良好措施，那么领导就不会重用你，你的命运又从何而改变呢？对于一个企业领导来说，如果没有好的正确的思路，便看不清公司前进发展的方向，把握不住商界时机，那么这个企业何以立足，这个领导的命运又何以改变呢？所以，一个人思路的好与坏、正确与否将决定着这个人一生的命运。

盘活思路，其实并不是一件很难的事情。很多时候，我们只不过是不想改变罢了。因为我们担心改变后会损失很多东西。其实如果我们不改变，我们损失的将更多。而改变只会损失掉不适合自己的东西。

作为生存在这个世界上的人，我们必须适应时代的发展，根据时代的变化来盘活自己做人和做事的思路，这样我们才能做好自己的事情，逐渐接近不远的成功！

目　录

有时，直挂云帆济沧海"，长风破浪，是一种自强不息的气概，是一种舍我其谁的胸怀，只有对自己有信心的人才拥有这样的气概，只有不断进取的人才拥有这样的胸怀。

第二章 做人当低调，因势而立导

成大事者的关键一条处世原则就是"在小处忍让，在大处求胜"。这就要求处世时，不是一受到别人的冷眼就眼红着急，而是根本不把它当回事，控制自己的情绪，把头低下来，等待下一次时机的到来。

第四章 做事想给力，思路来决定

做事时思路很重要，一个好的思路能够让自己节省很多时间和精力，要不怎么会有事半功倍一说呢。同样的事情，不同的人做，其效果和效率是截然不同的。

第五章 敢于借势，一切困难都是"纸老虎"

　　一个人生于世上，不是每一件事都是你想做就能做成的，有时你越想做成反而越做不成。原因之一是你还没有足以控制它的能力，还没摸清它的特点。

　　聪明人能够在"借"字上下工夫，积极主动地去寻找"跳板"力图凭此跃起，达到自己想要的高度。古往今来，一个善于借势的人，总能付出最小而回报最大。

第六章 做事思路四要诀——
自动、自发、管理、热忱

当代社会，信息和通信的快速发展需要你的工作更有条理，生产力的提高要求我们在更短时间里处理更多任务。所以，作为一个精明人，适应社会发展的需要，自动自发地提升组织能力、优化效率管理，让生活事业保持上升曲线，成为在现代社会立足的关键。

第七章 错落有致，对细节要"例例"在目

"泰山不拒细壤，故能成其高；江海不择细流，故能就其深。"所以，大礼不辞小让，细节决定成败。在中国，想做大事的人很多，但愿意把小事做细的人很少；我们不缺少雄韬伟略的战略家，缺少的是精益求精的执行者；决不缺少各类管理规章制度，缺少的是规章条款不折不扣地执行。我们必须改变心浮气躁、浅尝辄止的毛病，提倡注重细节、把小事做细。

第八章 "调转船头"和雷厉风行，你选哪个

无法接近你真正的人生目标。但对大多数人来说，行动的死敌是犹豫不决，即碰到问题，总是不

能当机立断，思前想后，从而失去最佳的机遇。这是我们在追求事业的途中必须努力战胜的缺点。

第九章 "财神"来了，财才来了

人脉，对于事业而言很重要，我们一定要注意培养自己的人脉。人脉的积累就是事业的进步。

第十章 在正确的时间用正确的头脑把握正确的机会

有时候，许多机会里蕴藏着让人一败涂地的危机，而许多危机中却酝酿着置之死地而后生的绝佳机会。的确，现实生活中的机遇是富有神奇色彩的，有时候是化作另外一种形式呈现在你的面前，你若用能谋善断的智慧识别它、把握它，必能创造辉煌的人生，成就伟大的事业。

第一章 做人要成功，诚信独占鳌头

俗话说：人无信不立，欲做事先做人。而做人的根本在于诚信，不管做什么事情，人们都喜欢和诚实守信的人合作，只有这样，双方才能共同把事情做好，只有这样，双方最终才能共赢。

01 撞了一次南墙的人不会再来第二下

做人无信不立，别人也许不小心吃了你一次亏，却不表示他会继续吃 100 次亏。

果菜外销一向是中国庞大的外汇收入来源，大市场一天的成交量可达上亿人民币，在国际经济中占据重要的地位。

几年前，流行起养生风，人们开始喜欢吃绿色蔬菜，由于中国的气候环境特别适合培育山野菜，因而所种出的山野菜十分新鲜甘甜，利润丰厚且供不应求，是农民的重要生财之道。

麻烦的是，山野菜的最佳收成时间只有 10 天左右，采收完毕之后，还要摊在阴凉处晾晒一天，隔天翻面再晒一天，把水分充分蒸发。如此一来，主妇们买回去之后，只需要再用冷水浸泡一下，就可以吃到又鲜嫩又清脆的山野菜了。

但是种山野菜的土地有限，步骤又繁琐，一些农民于是开始想办法增加山野菜的收成，不管三七二十一，只要长到了适当的大小就采集下来。而且，为了省去晾晒的时间，干脆直接放在炉子上烘烤，不到两个小时便干透了。

这些赶工出来的山野菜，外表看起来并没有什么不同，只是食用时，不管在水里浸泡多久，还是一样又老又硬，难以下咽。

经销商纷纷提出抗议，可是这些农民还是屡劝不听，商人只好对山野菜进行全面封杀。

最后，这些农民投机取巧的行为不但没有增加收益，反而换来了一堆卖不出去、又食不下咽的山野菜。

当你认为自己很聪明的时候，请记得别人也不会是笨蛋。

对人诚信也就等于让自己好过，投机取巧或许能得到眼前的小利，却将失去更重要的信誉和大利。

人活在世上不只一天，而是一生，该担心的也不只是明天，还有往后的许多年，与其今天好过，不如将来日日都好过。

三国时代，征战连年。有一回，蜀、魏两军于祁山对峙，诸葛亮所率领的蜀军只有十多万，而魏国的司马懿却率有精兵三十余万。

两军交锋时，蜀军原本就势单力薄，偏偏在这紧急关头，军中又有一万人因兵期将到，必须退役还乡，一下子少了许多兵力，对蜀军来说无疑是雪上加霜。

然而，服役期满的老兵都归心似箭，忧心大战将即，可能有家归不得。两相权衡之下，将士们向诸葛亮建议，让老兵延长服役一个月，待大战结束后再还乡。

这似乎是最好的办法了，但是诸葛亮却断然地否决道："治国治军必须以信为本，老兵们已为国鞠躬尽瘁，家中父母妻儿望眼欲穿，我怎能因为一时的需要而失信于军、失信于民呢？"于是下令所有服役期满的老兵速速返乡。

老兵们接获消息，感动不已，个个热泪盈眶，想到如果自己就这么走了，岂不是弃同胞和家国于不顾？

丞相有恩，军民也当有义，此时正是用人之际，于是，老兵们决定上下一心，打赢最后一场战争再走。

老兵的拔刀相助，大大振奋了其他在役的士兵，大家奋勇杀敌，士气高昂，抱着必胜的决心，在诸葛亮的领导下势如破竹，赢得了这场战争的胜利。

与其说诸葛亮神机妙算，不如说他以诚待人，贯彻始终，因此深得军心，是为一代名帅。

越在紧急的时刻，越能看出一个人的品德。最大的考验往往不是来自外界，而是取决于自己；最重要的评价也不是别人怎么说，而是如何面对自己的良心。

处困厄而不改其志者，他的志向不会朝楚暮秦、随风转舵，他的成就自然也非一时一刻，而是细水长流、源源不绝。

有一天早上，曾子的老婆到市集买东西，带在身边的儿子要妈妈买熏猪肉吃，为此哭闹不休。

街上的人很多，大家都好奇地看着这对母子，曾子的老婆觉得难为情，为了安抚儿子的情绪，便哄着他说："别哭了，你先回去，等会儿我回到家里，再杀猪给你吃。"

孩子听到有肉可吃，便止住了哭声，乖乖地回家去了。

当曾子的老婆从市集回来，一踏进家门时，便听见猪的号叫声，没想到曾子正准备动手杀猪。

曾妻连忙制止他说："相公，你为何要杀猪？"

曾子说："你不是答应儿子要杀猪吗？"

曾妻连忙挥挥手说："哎呀，我只不过是哄哄他。"

曾子听了老婆的话，满脸严肃地说："你怎么可以如此？孩子是无知的，他们只会模仿父母的一举一动，听从父母的教导，这么欺骗他，不是教他学会说谎吗？一旦你欺骗了儿子，咱们的孩子以后便不会再相信我们，这样的教育方式，怎么能教出好孩子呢？"

于是，曾子毫不迟疑地立即动手，将那头猪杀了，让儿子开心地吃了一顿丰盛的大餐。

的确，我们不应该亵渎我们所说出的每一个承诺。因为，我们的承诺将会影响我们周围的亲朋好友。甚至极端一点，我们的承诺也许会改变他们的人生，那么我们又怎么能够不认真对待我们的承诺呢？尤其是当我们有一天成为父母教育我们的孩子的时候，更应当成为信守承诺的榜样。

从前，有一个贤明且受人爱戴的老国王，由于他没有孩子，以至于王位没有继承人。有一天，他宣告天下："我要亲自在国内挑选一个诚实的孩子做我的义子。"

他拿出许多花的种子，分发给每个孩子，说："谁用这些种子培育成最美丽的花朵，那个孩子就是我的继承人。"

于是，所有的孩子都在大人的帮助下，播种、浇水、施肥、松土，照顾得非常尽心。

其中，有一个男孩，整天用心培育花种。但是，10天过去了，半个月过去了，一个月过去了……花盆里的种子依然如故，不见发芽。

男孩有些纳闷，就去问母亲。

母亲说："你把花盆里的土壤换一换，看看行不行？"

男孩换了新的土壤，又播下了那些种子，仍然不见发芽。

国王规定献花的日子到了，其他孩子都捧着盛开鲜花的花盆涌上街头，等待国王的欣赏。只有这个男孩站在店铺的旁边，手捧空空的花盆，在那里流着眼泪。

国王见了，便把他叫到跟前，问道："你为什么端着空花盆呢？"

男孩如实地把他如何用心培育，而种子却都不发芽的经过，仔细地告诉给了国王。

国王听完，欢喜地拉着男孩的双手，大声叫道："这就是我忠实的儿子。因为我发给大家的种子，都是煮熟了的。"

后来，这个男孩继承了国王的王位。

有一句德国俗谚说："一两重的真诚，其值等于一吨重的聪明。"

其他的孩子也一定和这个男孩遇到了同样的事情，发现种子始终不发芽，他们也一定和这个男孩一样，去求教于自己的父母，但只有这个男孩的母亲，以身作则教导了自己的孩子，告诉了他诚实所带来的价值。

国王发布公告的前提就是要找寻诚实的人，但家长们却为了让孩子能中选而不惜施用欺瞒的手段。

以谎言堆砌而来的赞赏一点也不值得骄傲，成人，往往知道得太多，也因此狭隘了心灵，投机取巧的结果，却给孩子树立了最坏的榜样。

02 诚信永远是道德的"排头兵"

在华盛顿举办的美国第四届全国拼字大赛中，南卡罗来纳州冠军——11岁的罗莎莉·艾略特一路过关，进入了决赛。当她被问到如何拼"招认"（avowal）这个词时，她轻柔的南方口音，使得评委们难以判断她说的第一个字母到底是 A 还是 E。

评委们商议了几分钟之后，将录音带倒带后重听，但是仍然无法确定她的发音是 A 还是 E。

解铃还得系铃人。最后，主评约翰·洛伊德决定，将问题交给唯一知道答案的人。他和蔼地问罗莎莉："你的发音是 A 还是 E？”

其实，罗莎莉根据他人的低声议论，已经知道这个字的正确拼法应该是 A，但她毫不迟疑地回答，她发音错了，字母是 E。

主评约翰·洛伊德又和蔼地问罗莎莉：“你大概已经知道了正确的答案，完全可以获得冠军的荣誉，为什么还说出了错误的发音？”

罗莎莉天真地回答说：“我愿意做个诚实的孩子。”

当她从台上走下来时，几乎所有的观众都为她的诚实而热烈鼓掌。

第二天，有一篇报道这次比赛的短文：《在冠军与诚实中选择》。短文中写道，罗莎莉虽没赢得第四届全国拼字大赛的冠军，但她的诚实却感染了所有的观众，赢得了所有观众的心。

年幼的罗莎莉给我们所有人做出了榜样。然而，我们中的很多人都在不同程度上具有不劳而获的欲望，这种欲望引导人们不知不觉地放弃了诚信。并且，它还能加深人的错觉，让人一如既往地做下去，对现实完全辨认不清，最终导致不良后果。所以，如果我们想获得持久性的成就，就必须确立并坚持诚信这一原则，在生命航船受到诱惑之风袭击时，保持高尚的道德品质，不致偏离航向。

星期五的傍晚，一个贫穷的年轻艺人仍然像往常一样站在地铁站门口，专心致志地拉着他的小提琴。琴声优美动听，虽然人们都急急忙忙地赶着回家过周末，还是有很多人情不自禁地放慢了脚步，时不时地会有一些人在年轻艺人跟前的礼帽里放一些钱。

第二天黄昏，年轻的艺人又像往常一样准时来到地铁门口，把他的礼帽摘下来很优雅地放在地上。和以往不同的是，他还从包里拿出一张大纸，然后很认真地铺在地上，四周还用自备的小石块压上。做完这一切以后，他调试好小提琴，又开始了演奏，声音似乎比以前更动听更悠扬。

不久，年轻的小提琴手周围站满了人，人们都被铺在地上的那张大纸上的字吸引了，有的人还踮起脚尖看。上面写着："昨天傍晚，有一位叫乔治·桑的先生错将一份很重要的东西放在我的礼帽里，请您速来认领。"

人们看了之后议论纷纷，都想知道是一份什么样的东西，有的人甚至还等在一边想看个究竟。过了半小时左右，一位中年男人急急忙忙跑过来，拨开人群就冲到小提琴手面前，抓住他的肩膀语无伦次地说："啊！是您呀，您真的来了，我就知道您是个诚实的人，您一定会来的。"

年轻的小提琴手冷静地问："您是乔治·桑先生吗？"

那个人连忙点头。小提琴手又问："您遗落了什么东西吗？"

那个先生说："奖票，奖票。"

小提琴手于是就从怀里掏出一张奖票，上面还醒目地写着乔治·桑，小提琴手举着奖票问："是这个吗？"

乔治·桑迅速地点点头，抢过奖票吻了一下，然后又抱着小提琴手在地上疯狂地转了两圈。

原来事情是这样的，乔治·桑是一家公司的小职员，他前些日子买了一张某银行发行的奖票，昨天上午开奖，他中了50万美元的奖金。昨天下班，他心情很好，觉得音乐也特别美妙，于是就从钱包里掏出50美元，放在了礼帽里，可是不小心把奖票也扔了进去。小提琴手是一名艺术学院的学生，本来打算去维也纳进修，已经定好了机票，时间就在今天上午，可是他昨天整理东西时发现了这张价值50万美元的奖票，想到失主会来找，于是今天就退掉了机票，又准时来到这里。

后来，有人问小提琴手："你当时那么需要一笔学费，为了赚够这笔学费，你不得不每天到地铁站拉小提琴。那你为什么不把那 50 万美元的奖票留下呢？"

小提琴手说："虽然我没钱，但我活得很快乐；假如我没了诚信，我一天也不会快乐。"

康德说过："这个世界上只有两样东西能引起人内心深深的震动，一个是我们头顶上灿烂的星空，一个是我们心中崇高的道德准则。"如今，我们仰望苍穹，星空依然晴朗，而俯察内心，崇高的道德却需要我们在心中每次温习和呼唤，这个东西就如诚信。诚信是一种力量，它让卑鄙伪劣者退缩，让正直善良者强大，诚信无形，却在潜移默化中塑造无数有形之身，永不褪色，诚信以卓然挺立的风姿和独树一帜的道德高度赢得众人的信任和爱戴。

03 言不信者行不果，言出就要必行

林肯年轻时曾担任过邮政局长。1830 年林肯才 21 岁时，全家为了谋生，从印第安纳州迁到伊利诺伊州的纽萨拉姆小镇。初到时，林肯在一些小店里干杂活，不久镇上年长些的人，见林肯干活勤快，为人忠厚又老实，大家一致推荐他在新开设的邮政局里当局长。说实在的，那时连邮票还没有问世，当时的"邮局"是可想而知的，设备极其简陋，连一张像样的办公桌都没有。林肯为了收藏钱和账本，只得用一双补过补丁的破袜子当"保险箱"，账本和钱都被放在破袜子里。林肯名义上是这个纽萨拉姆镇上的邮政局长，实际上只是个"光杆司令"。用现在的话来说，由于

这个"邮局"生意欠佳，开张才两个多月后就关门了。这时林肯接到上级停办的通知后，把账目理得一清二楚，装进了那双破袜子里，并把它悬挂在屋角的房梁上，等待上级来接受交差。但岂料，由于这个单位太不起眼，上面迟迟没派人来结账。这下可把林肯急坏了，他左等右等，日复日，月重月，房梁上钱袋早已盖满厚厚一层灰，还是不见上面派人来。后来，大约过了一年多，有一次林肯终于在大街上偶然碰到了上一级的邮政局长，于是他连忙把那位头头拉到"邮局"，把账目和钱款一一点清楚后，才如释重负。纽萨拉姆镇上的人把林肯如此尽职尽责的事传了开去，从此"诚实的邮政局长——林肯"就这样出了名。

"诚信"是我国传统道德文化的重要内容之一。"信"字是"人"从"言"。俗话说：听其言，观其行。所言成真就是"诚"。"真实不欺"就是"诚"。中国古代思想家把"诚信"作为统治天下的主要手段之一。唐代魏徵把诚信说成是"国之大纲"，更显"诚信"之重要。古今中外任何社会都把诚实与信用作为美德加以推崇，诚实守信的人总能优先赢得别人的赞赏或认可。

一个商人临死前告诫自己的儿子："你要想在生意上成功，一定要记住两点：守信和聪明。"

"那什么叫守信呢？"焦急的儿子问道。

"如果你与别人签订了一份合同，而签字之后你才发现你将因为这份合同而倾家荡产，那你也得照约履行。"

"那什么叫聪明呢？"

"不要签订这份合同。"

这位商人指明的道理不仅仅适用于商业领域。既然你已经许下诺言，那么不管是什么样的事情，你都不能反悔。你就必须履行诺言而不能失信。

但是怎样才能做到不失信于人呢？不要签订这份合同。

这是精明的商人留给儿子的第二份遗产：为人，就要言而有信。

*04*三十年河东，三十年河西

美国作家乔治·巴伯在《让你生活得更好》一书中写道："100个21岁的人中，有66人将活到65岁。这66人中，只有1人能成为大富翁。有4人将相当富有。有5人在65岁时还在靠工作谋生。其余56人的吃饭问题还要依靠家庭、养老金、社区或社会福利来解决。"

不可思议吗？但确实如此。这些数字来自于一家最大的保险公司的记录。这样的统计数据必然是真实可靠的，保险公司每年数百万美元的命运就押在这些数据的准确与否之上。在美国社会是这样，在我们身边这种成功几率可能更低。

从现在起10年、20年或30年之后，你会成为这100人当中的哪一种呢？屈指可数的幸运者之一？除非你使好运降临到你头上，否则总是困难重重。

你可以在65岁和以后都仍享有极好的健康，你可以一直到老都仍享有宽松的经济状况。

你可以使自己成为为数很少的幸运者当中的一个。你不必整个一生都成为厄运或环境的奴隶。

有一种办法可以得到你想要的一切——一种完全与人类最

高的渴望统一的办法。那就是在你树立起自己的目标后，然后坚信自己可以达到，在你 21 岁的时候，让自信在你心中扎根。

很多人都对自己的境遇不满，他们无法找到获取力量的源泉。其实，左右境况的力量就在每一个人的体内。在你身体之中沉睡着的一个巨人已等着你的召唤。它就是你的自信力，而对它来说没有不可能的事情。你唯一要做的便是唤醒它，而它会除去你身上那些无形的锁链，并告诉你如何使梦想成真。一旦你知晓了这些秘密，你的一切有关向上、成功和健康的愿望都会成为现实。

"我是命运的主人"。只有当你了解了这一点，你才会取得人生全部的成功。你的命运握在你自己的手中。你创造着自己的命运。从现在起的半年或一年之后你是什么样子取决于你今天的所思所想。那现在就作出选择。

有一些人相信，一个人一生的事，是在呱呱坠地的时候就已经由上天决定好了，跟个人的努力完全无关。这种宿命论使这些人不去做事，像一条懒虫似地生活着，等待着好运或是厄运降临在他们的身上。

也许，世界上真的有命运这种东西，但是命运会给我们什么呢？

我们祈求力量，命运便给我们困难去克服，使我们变得强壮……

我们祈求智慧，命运便给出问题让我们去解决……

我们祈求成功，命运便给我们大脑和强健的肌肉……

我们祈求勇气，命运便设置障碍让我们去克服……

我们祈求爱，命运便指引我们去帮助需要关爱的人……

我们祈求荣耀，命运便给我们创造荣耀的机会……

从命运之神那里，我们没有得到任何我们祈求的东西，但却得到了所有必须具备的东西。然后，我们需要做的是：毫无畏惧地生活，直面所有的障碍和困境，并充满信心地去克服。

所以，人才是自己的命运之神。

永远地相信自己，这不是说说那么简单的。如果你真的能做到了，那么你离成功已经不远了。

05 活在别人的世界里永远不是自己

我们很多人也许更在意别人的目光，更在意别人的评价。其实，别人看得起，不如自己看得起。只有充分认识自己的长处，才能保持奋发向上的劲头。自信是通往成功的一种原动力。

有这样一个故事。

一个纽约的商人看到一个衣衫褴褛的尺子推销员，顿生一股怜悯之情。他把 1 美元丢进卖尺子的盒子里，准备走开，但他想了一下，又停下来，从盒子里取了一把尺子，并对卖尺子的人说："你跟我都是商人，只不过经营的商品不同，你卖的是尺子。"

几个月后，在一个产品推销会上，一位穿着整齐的推销员迎上这位纽约商人，并自我介绍："你可能已经记不得我了，但我永远忘不了你，是你重新给了我自尊和自信。我一直觉得自己和乞丐没什么两样，直到那时你买了我的尺子，并告诉我是一个商人为止。"

那位落魄的推销员把自己视为乞丐，不就是因为缺乏自信心吗？就是从纽约商人的一句话中，推销员找到了自尊和自信，并开始了全新的生活。从中我们不难看出自信心的威力。缺乏自信常常是性格软弱和事业不能成功的主要原因。

居里夫人曾经说过："生活对于任何一位男女都非易事，我们必须要有坚忍不拔的精神，最要紧的，还是我们自己要有信心。我们必须相信，我们对一件事情具有天赋的才能，并且无论付出什么代价，都要把这件事情完成。当事情结束的时候，你要能够问心无愧地说：'我已经尽我所能了。'一个人只要有自信，那么他就能成为他所希望成为的人。"

有一位职工管不好自己的钥匙，不是弄丢了，就是忘了带，要不就是反锁到屋里了。他的 301 办公室就他一人，老是撬门也不是个办法，于是配钥匙时便多配了一把，放在 302 办公室。这下无忧无虑了好些日子。

有一天，他又没带钥匙，恰好 302 室的人都出去办事了，他吃了闭门羹，于是他在 303 又放了钥匙。就这样，外边存放的钥匙越多，他自己的钥匙也就管得越松懈，为保险起见，他干脆在304、305、306……都存放了钥匙，以为多多益善。最后就变成这样的局面，有时候，他的办公室，所有的人都进得去，只有他进不去，所有的人手中都有钥匙，只有他的钥匙无处可寻。到这时，他那扇门锁住的，就只有他自己了。

在现实生活中放弃自己的权利，让别人的意志来决定自己生活的人实在不少。他们把自己上学、择业、婚姻……统统托付或交给他人，失去了自我信仰，自我追求，从而也就失去了真正自我，最后变成了一个毫无价值的人。

人生最大的缺失，莫过于失去自信。

如果我们自信能够成功，成功的可能性就会大为增加。如果我们心里认定会失败，就永远不会成功。没有自信，没有目标，我们就会俯仰由人，一事无成。

每个人都会制定一些人生的目标，要实现这些目标，首先必须相信自己能够做到。千万不要让形形色色的雾迷住了我们的眼，不要让雾俘房我们自己。在实现目标的过程中受到挫折时，请记住，困难都是暂时的，只要充分相信自己，终能等到云开雾散的那一天，而丧失自信心，不仅会带来失败，还常常会酿成人间悲剧。靠自己拯救自己才是唯一出路。

自信就是自己信得过自己，自己看得起自己。

美国作家爱默生说过："自信就是成功的第一秘诀。"人们常常把自信比做发挥主观能动性的闸门，启动聪明才智的马达，这是很有道理的。确立自信心，要正确评价自己，发现自己的长处，肯定自己的能力，自信不是孤芳自赏，夜郎自大；更不是得意忘形，毫无根据的自以为是和盲目乐观；而是激励自己奋发进取的一种心理素质，它代表一种高昂的斗志、充沛的干劲、迎接生活挑战的一种乐观情绪，是战胜自己、告别自卑、摆脱烦恼的一种灵丹妙药。

自信的人不会把自己的命运交给别人，而是牢牢地掌握在自己手里。

06 要做"泰山顶上一青松"

"大雪压青松，青松挺且直。"不屈不挠、坚持到底的精神，可以拯救人于危难之中，可以帮助人战胜任何困难。一个坚忍的人，任何人都会相信他，会对他给予全部的信任；一个坚忍的人，到处都会获得别人的帮助。那些三心二意、缺乏韧性和毅力的人，没有人会信任他们，他们面对的只有失败。

成功有两个最重要的条件：一是坚定，二是忍耐。一位经理在描述自己心目中的理想员工时说："我们所需要的人才，是意志坚定、有奋斗进取精神的人。我发现，最能干的员工大多是那些天资一般、没有受过高等教育但却拥有全力以赴的做事态度和永远进取精神的人。这种人在成功者中大约占到九成。"

永不屈服、百折不回的精神是获得成功的基础。海伦·凯勒女士，是一位出色的美国作家，但众所周知，她又聋又哑又盲。美国总统艾森豪威尔在接见她的时候，曾激动地说："你的顽强的毅力，战胜了本身的残疾，使你像一个奇迹似的由一个又聋又哑又盲的不幸者变为优秀的作家，这种精神，是值得我们任何一个美国人学习的——特别在极艰苦的时候，在失败的时候。"是的，她之所以获得这样的成就，完全是由于她不屈不挠的与命运斗争、克服障碍的精神。

在艰苦的努力之后，当天赋遭到了失败，才能也无计可施，所有的能力都已经被抛弃时，当机智圆滑已经撤退，灵活变通早已逃离，坚忍与顽强登场了——以纯粹的求胜的力量，完成了看似不可能的任务。这就是坚忍的意志创造的奇迹。

一个人缺乏勇气，就会陷入不安、胆怯、忧虑、嫉妒、愤怒的漩涡中。要消除这些不良心态，只有一种解药——勇敢的精神。勇气是世界上无所不能的武器，有了它，自信也随之而来。

大家都知道动物在面临危险时，会充满斗性。狮子为了保护自己的孩子，可以奋勇地扑杀猎人，而不是像平时那样逃命。正是这种扑杀，能够为它带来生的希望。现实世界也是这样，很多斗争都是勇气的较量，两军交锋，勇者得胜。当一个人充满勇气时，就会焕发出平时双倍的力量，爆发出巨大的潜力。

有一位奇怪的经理，他给自己的下属定了一条规矩：不准走入公司的一个房间，否则开除。其他员工都照他说的做了，只有一人，他好奇地走了进去，发现房间里只有一张桌子，桌子上只有一封信，信上写着：给经理。这名员工把信给了经理，经理笑着说："从现在起，你就是我的助理了。"员工很疑惑，经理解释说："我已经等了两年了，只有你有勇气走进去，把信拿过来。"这个故事里，勇气给人带来了意外的机会。

其实人生又何尝不是如此呢？在面对各种挑战时，也许失败的原因不是因为势单力薄，不是因为智能低下，也不是没有把整个局势分析透彻，而是把困难看得太清楚、分析得太透彻、考虑得太详尽，才会被困难吓倒，举步维艰。倒是那些没把困难完全看清楚的人，更能够勇往直前。

"石油大王"洛克菲勒曾说过："即使拿走我现在的一切，只留下我的信念，我依然能在十年之内又夺回它们。"虽然这只是一个假设，但我们可以看到信念对于一个人的重要。

坚定的信念让人产生十足的动力。因此，它对于人生的影响举足轻重。它隐藏在我们身体的内部，只要善于运用，它就是一股取之不尽的力量源泉。

当然，信念需要行动来贯彻；源泉也需要开凿。如果怀抱着一生的信念，却守株待兔，那你至多只是个空想主义者。一张地图，无论多么详尽，也不能把你带到目的地。只有行动，才能把你送往想去的地方。而行动，正是通过信念来指导的。我们一般不会察觉，我们所有的行动都是符合一个信念框架的。每个行动的背后都有一个正面的意图。我们所做的事情总是有某些依据、某些目的的，但做出行为的那一个人并不是马上就可以看清楚这些，至于观察这个行为的其他人，就更不用说了。

我们的行动也就是信念的证据。信念对行动的影响有正面的也有负面的效果。就以看书为例，如果我们采取的行动是把书放下并且翻开在你最后阅读的那一页，一直放到下一次你想要继续阅读的时候。如果这位读者有一个自我信念是这么说的："我是一个思想自由的人，我就是我自己，我不是一些琐碎规矩的奴隶。"这个行动就有了一个解释，并且会归因于那个信念。但是如果另一个自我信念说："我是杂乱无章的。"这个行动就很有可能连同其他数以百计的没有其他明显理由的行动，在"我是杂乱无章的"这个心理架构里找到安身立命的所在，并且不断支撑和增强这个信念。这样，这个杂乱无章的自我形象就会更加强化了。在日常生活中，这一类"令人丧失力量的"信念越强，就有越多的日常行动受它们的影响。

因此，对于信念，就有一个去伪存真的任务。辨别好的信念，自我暗示好的信念，就等于为自己建了一座稳固的灯塔，找到了一处甘泉的源头。

自信的人面对困境首先想到的不是逃避，而是坚定自己面对他的决心，只有敢于面对，才谈得上顺利解决。

第二章

"长风破浪会有时"，
做人当自信

　　如果说言而有信是做人的根本的话，那么长风破浪就是做人的核心。有句古诗中说"长风破浪会有时，直挂云帆济沧海"，长风破浪，是一种自强不息的气概，是一种舍我其谁的胸怀，只有对自己有信心的人才拥有这样的气概，只有不断进取的人才拥有这样的胸怀。

01 每一个成功者的另一面都是自信

人可以长时间卖力工作，创意十足，聪明睿智，才华横溢，屡有洞见，甚至好运连连——可是，人若是无法在创造过程中了解自己想法的重要性，一切都会落空。

成功、财富以及繁荣的创造中，最重要的元素来自内心——你的想法。如同有句话提醒我们的那样：坚持着一串特殊的想法，不论是好的是坏的，都不可能不对性格和环境产生一些影响。人无法直接选择环境，可是他可以选择自己的想法，这样做虽然间接却必然会改变他的环境。

如果你能够窥探成功人士的内心，你便会发现丰富的正面经历——成功的想法，而且毫不犹豫。为了创造外在的财富，你必须先创造繁荣的念头。你必须看见自己成功的模样，成功地在心中展示你的梦想和抱负。

现实生活中来自各行各业的许多成功人士，虽然他们各有不同的才华、气质、技术、工作道德和专业背景，但却有一个共同点。这条共同的金线就是，他们都觉得自己很成功。他们从未质疑过这个事实，他们无法了解为何有人会质疑自己的伟大程度。他们很难了解别人为何无法成功，因为对他们来说，成功的秘诀很简单：成功源自于自信，再转换到物质世界。它不像许多人所相信的那样，是倒过来的。成功人士知道，在人生中他们可以控制的一个层面就是自己的想法。我们都拥有这项优点，所以就让我们也从那里开始吧。

　　毫无疑问，自信还能够让我们在人生的竞技场上发挥出最好的水平，反之，因为缺乏自信常常却让很多优秀的人在关键的时刻迷失了自我。我国古代有一个列子学射的故事，颇能引人深思。

　　列御寇是古代一位射箭能手，他箭术高超，传说他的箭法百发百中，非常精确，在当时无人能及。

　　伯昏无人也听说列御寇是位射箭高手，但他并未亲眼见过，也不知道列御寇除了是位射箭高手之外有无别的过人之处。于是为了了解列御寇其人，有一天，伯昏无人就邀请列御寇来他的练箭场表演箭术，同时邀请了很多当时很有威望的人一同参加。

　　列御寇如期而至，寒暄一番之后，在座的客人都要求列御寇表演他高超的箭术，伯昏无人也对列御寇说道："今天大家来都是想欣赏你的箭术的，你就露两手吧。"于是列御寇换了身装束，拿出弓箭。他先表演了百步射靶，果然每一箭都正中靶心，非常精确。在座的客人都非常敬佩，纷纷拍手称好，但伯昏无人并未表示什么。

　　列御寇为了显示自己射箭不但精准而且稳如泰山，于是吩咐手下取了一满碗水，大家都在疑惑是否列御寇口渴要喝水时，他又拉满了弓，然后让人把碗放在自己的手腕上开始射箭。射完一箭又一箭，一箭连着一箭地射，每次箭头都射进了靶心，由于射得多了，以至于箭在靶上竟然重叠了起来，一支箭射出时，另一支箭又放在了弓弦上。这时的列御寇却丝毫未动，面无表情，专心一致地射箭，远远看去就好像一座雕塑一样。再看他手腕上碗中的水，竟一滴都没有洒出来。看到这里，在场的人先是目瞪口呆，紧接着就是一片欢呼，叫好声不断。

　　本以为伯昏无人会大加赞扬，谁知他却说道："你的表演非常精彩，这一点我非常敬佩。但你这只是在平常状态下射箭的箭法，我们大家并不能从中看出你的真本领。"列御寇心有不服地反驳道："那什么状态下才能显示出真正的本领呢？"伯昏无人笑笑说："很简单，我们不在这里射箭了，我们到最高的山峰，走过悬崖峭壁，面对着百仞深渊，在那种状态下，如果你还能射得准的话，那才是真本事啊！"列御寇同意了。

于是，一行人来到了高山，途中一些客人因害怕劳累回去了。当他们走过悬崖峭壁时又有一些人畏高而退却了。再往前走时，除了伯昏无人和列御寇之外，已经没有几个客人了。终于临近了百仞深渊，这时列御寇拉弓就要射，伯昏无人说道："不要着急，我们还没到。"跟着来的几位客人都远远地站在后面不敢往前一步，而列御寇虽说跟着伯昏无人临近深渊，但其实也已非常勉强了。再看伯昏无人，只见他从容不迫地背对着百仞深渊倒退着一步一步地走了过去，每走一步都是那么坚定和自信，从不回头看一眼，直到自己的脚跟已经差不多有两分已经悬空于悬崖外时，他向列御寇招手示意他往前走，并说这里才是射箭的地方。而此时的列御寇全然没有练箭场上的威风和镇定了，他已经吓得站不住了，匍匐在地上，汗水从头顶直流到脚跟，而且再也不敢朝悬崖这边多看一眼。

于是，伯昏无人走了回来说道："最高超的人，能够上窥青天，下潜黄泉，奔放到极远的地方而神色不变。现在你恐惧之情表露在眼目之中，可见你的内心实在是不坚强啊！"

列御寇虽有精湛的射技，但在临危之时因为缺乏足够的自信却不能发挥正常水平。

的确，看来任何高超技艺的发挥，都不单纯依靠技巧的娴熟与高明，还要看当时外界环境的影响。当外界环境发生变化时，除高超的技巧外，优良的心理素质，对自己的足够自信就起着十分重要的作用。人们除了掌握精湛的技艺外，还必须具备临危不惧的气魄和坚定的自信心,只有这样才能在任何情况下都能发挥最好的水平。当然,我们也可以从中悟出这样一个道理:人们任何时候都要记住,只有自信才能够让我们自己拯救自己。

成功者每天都在对自己说"我行"、"我已经准备好了"、"这次没问题"、"比上次精神状态好得多"。他们的自言自语,正是为了勉励和激发自我,以面对人生的挑战。

02 最美丽的人是有自信的人

很多时候,我们很微小。相对于宇宙来说,我们都很渺小;相对于成功者来说,我们往往汗颜。在这种时候,我们是不是应该躲起来,藏起来,免得走出来让人耻笑。有的人,相信自己的卑微是命中注定,到死都不会有任何改变。于是放弃了抗争的武器,最后穷其一生,一事无成。事实上,如果我们有信心,我们就是最美丽的,至于事业是否成功反而变得很其次。

玛丽觉得自己长得不够漂亮,很自卑,走路都是低着头的。有一天,她到饰物店去买了只绿色蝴蝶结,店主不断赞美她戴上蝴蝶结很漂亮,玛丽虽不信,但是挺高兴,不由昂起了头,急于让大家看看,出门与人撞了一下都没在意。

玛丽走进教室,迎面碰上了她的老师。"玛丽,你抬起头来真美!"老师爱抚地拍拍她的肩说。

那一天,她得到了许多人的赞美。她想一定是蝴蝶结的功劳,可在镜前一照,头上根本就没有蝴蝶结,一定是出饰物店时与人一碰弄丢了。

不过，玛丽知道，以后她再也不需要蝴蝶结了。

这是一个真实的故事，这位叫玛丽的小女孩现在已经是著名的主持人。其实你我的身边也有很多类似的故事。我们身边有很多自卑的人，只是，他们可能没玛丽这么幸运，还在受着自卑的折磨。

一个人自信，是要过一天 24 小时，一小时 60 分钟。一个人自卑也是这样。但是，这些时间的用途完全不同。自信的人用这些时间来不断做有未来意义的事情，他们要成就一番事业；而自卑的人用这些时间来自怨自艾，不断舔舐过去的伤口，不断地否定自己。不管过去如何，仅从时间的利用来看，自信的人就比自卑的人成功的几率要大得很多。自信的人是靠自己的努力创造成功，自卑的人在等待机会降临，即使机会降临，自卑的人也往往抓不住。

自信心往往有 3 个方面的具体表现。

首先是精神面貌上的。不管我们与世俗标准下的所谓成功的典型离得有多远，我们都永远可以持"我是最好的"这种态度，不必显出任何羞愧、尴尬或压抑的样子。

其次是肢体语言上。要想真正成为拥有自信的人，我们必须在自己的一言一行、一举一动中表现出来。一般来说，表现自信的体态语言总是给人们精力充沛的印象。佝背驼腰、大腹便便、下巴松垂、睡眼惺忪这些形象从来不被认为是有自信心的特征。精力充沛、信心十足的姿态应该是这样的：挺胸收腹、双肩后倾、扬起下巴、面带微笑、眼睛有神、目光直视交往的对方。平时，我们要留意自己走路的姿势，在很大程度上，走姿能暴露一个人的精神状态。千万不要漫无目的地四处游荡，而应当步伐坚定有力，大胆地向前迈进。

最后是语态的表现。人们的语态表达是最重要的交流方式，语态表达方式也可以表现出我们自己的个性。表现自信心的语态是：讲话的速度不能太快，否则容易给人留下急躁的印象；讲话的速度也不能过于缓慢，太慢会给听众留下你对希望阐明的观点仍然犹豫不决的印象；含含糊糊地讲话让人一眼就看出你内心的不稳定，应该避免；嘀嘀咕咕地讲话，这是一种自我放纵和不成熟的表现；说话的嗓音过高或者刺耳，会给人造成你很单纯的印象；不要用一种傲慢的口气讲话，显得很不自然；讲话时不要气喘吁吁，嗓音不能微弱，不要口齿不清，并可以通过训练加以克服。

如果我们对体态语言掌握得很好，也要注意与自信心的整体表现相结合，因为这是成功要素中的重要组成部分。最有效的语态表达应该是自然大方的声音中充满自信和活力。最后一点也很重要，当你讲话时，嘴角要露出微笑。

要对自己有绝对的信心，要做一个永远自信的人，当你自信的时候，你会发现处处都有机会，任何困难都有解决的办法。当你不断克服困难的时候，你也就随之聚集了力量，最后成就了自己的梦想。

03 每一个人都是一颗光明的火种

一个人的心理暗示对自己很重要，有的人或许认为这是自欺欺人，但事实上，我们心里都有一个很柔弱的信念。这个信念，如果你相信，它就是真的，它就能成就一番大事业；相反，如果你不相信，它就是假的，它就会让自己过得很被动，很狼狈。

多年前的一个傍晚，一位叫亨利的青年移民，站在河边发呆。

这天是他30岁生日，可他不知道自己是否还有活下去的必要。因为亨利从小在福利院里长大，身材矮小，长相也不漂亮，讲话又带着浓重的法国乡下口音，所以他一直很瞧不起自己，认为自己是一个既丑又笨的乡巴佬，连最普通的工作都不敢去应聘，没有工作，也没有家。

就在亨利徘徊于生死之间的时候，与他一起在福利院长大的好朋友约翰兴冲冲地跑过来对他说："亨利，告诉你一个好消息！"

"好消息从来就不属于我。"亨利一脸悲戚。

"不，我刚刚从收音机里听到一则消息，拿破仑曾经丢失了一个孙子。播音员描述的相貌特征，与你丝毫不差！"

"真的吗，我竟然是拿破仑的孙子？"亨利一下子精神大振。联想到爷爷曾经以矮小的身材指挥着千军万马，用带着泥土芳香的法语发出威严的命令，他顿感自己矮小的身材同样充满力量，讲话时的法国口音也带着几分高贵和威严。

第二天一大早，亨利便满怀自信地来到一家大公司应聘。

20年后，已成为这家大公司总裁的亨利，查证自己并非拿破仑的孙子，但这早已不重要了。

人类经历了那么多战乱和灾难，最后基因能够遗传下来，我们这些活着的人应该很是庆幸。我们已经很不平凡，已经很了不起，那为何我们要自卑呢？如果我们有一个高贵而又自由的灵魂，为什么我们要困守在我们"什么都做不了"的狭隘念头中呢？我们得相信自己能做事情，我们得相信世界上真有奇迹出现，只有我们相信了，我们最后才能有所成就，也只有我们相信了，我们才能有切实的行动。我们都不是平凡的人，但是甘于做平凡的人。

要在自己失去希望的时候，及时告诉自己确实不平凡，及时地拣回自己的希望，让自己更加坚定地走下去，直到成功。

相信自己优秀，是自信而非自傲。

你得相信你就是最优秀的。有人肯定笑话这句话说得太唯心。事实上，每一个人对这个世界最大的意义就是他自己。如果他都不相信自己是最优秀的，那他又能相信什么？

古希腊的大哲学家苏格拉底在临终前有一个不小的遗憾——他多年的得力助手，居然在半年多的时间里没能给他寻找到一个最优秀的关门弟子。

苏格拉底在风烛残年之际，知道自己时日不多了，就想考验和点化一下他的那位平时看来很不错的助手。他把助手叫到床前说："我的蜡所剩不多了，得找另一根蜡接着点下去，你明白我的意思吗？"

"明白，"那位助手赶忙说，"您的思想光辉是得很好地传承下去……"

"可是，"苏格拉底慢悠悠地说，"我需要一位最优秀的传承者，他不但要有相当的智慧，还必须有充分的信心和非凡的勇气……这样的人选直到目前我还未见到，你帮我寻找和挖掘一位好吗？"

"好的,好的。"助手很尊重地说,"我一定竭尽全力地去寻找，不辜负您的栽培和信任。"

苏格拉底笑了笑，没再说什么。

那位忠诚而勤奋的助手，不辞辛劳地通过各种渠道开始四处寻找。可他领来一位又一位，都被苏格拉底婉言谢绝。

半年之后，苏格拉底眼看就要告别人世，最优秀的人选还是没有眉目。助手非常惭愧，泪流满面地坐在病床前，语气沉重地说："我真是对不起您，令您失望了？"

"失望的是我，对不起的却是你自己。"苏格拉底说到这里，很失意地闭上眼睛，停顿了许久，才又不无哀怨地说："本来，最优秀的就是你自己，只是你不敢相信自己，才把自己给忽略、给耽误、给丢失了……其实，每个人都是最优秀的，差别就在于如何认识自己、如何发掘和重用自己……"话没说完，一代哲人就永远离开了他曾经深切关注着的这个世界。

"失望的是我，对不起的却是你自己。"有些时候，因为懦弱，我们会让关心我们的人失望，但是他们只不过是失望而已，真正对不起的人是我们自己。

我们要做一个成功的人，就要相信自己是最优秀的，只有相信自己最优秀，你才有可能有担当，才能成就大事业，才能对得起自己，不让他人失望。

04 追求卓越，提高自己的优势

聪明人会追求卓越升华自己的优势。

香港经济学家张五常先生曾谈到过经济学上的边际分析。

假如有3个金矿。在第一个金矿里，每花1块钱成本就可生产市值5元的金沙；第二个花3块成本可得5元金沙；第三个要花4元成本才可得5元金沙。在这3个金矿中，第三个最接近边际。

若金沙因需求变动而有所变动，第三个金矿的资产净值会有最大的百分比转变。以如上的数字为例，若金沙市值上升 1 元，则第一个金矿的盈利上升 25%，第二个上升 50%，而第三个的盈利却上升 100%。若金沙下跌 1 元，盈利下跌的百分率也与上面一样——第三个金矿下跌 100%。若金矿下跌 1 元以上，这个边际金矿会首先关闭。

无论是办公司还是做人，在边际上的都是最容易被淘汰的，是风险最大的。因此无论做什么事，要做就要做到最好，这样才有抵御风险的能力，才能在竞争中保持优势。而且做到了最好，占领的市场才能最大，利润才能最高。

史玉柱就说过：他永远只做行业中的前三名。而吉列刀片的总裁却更有魄力，他说："要么第一，要么第二，要么退出。"

杰克·韦尔奇在 GE 有一个著名的经营管理思想，就叫第一第二战略，也就是只保留在行业中处于第一第二的企业。

曾有中国企业家问他："作为一个中小企业，我们没有足够的钱，实力不够、资源和品牌不够，即使拼了老命也很难达到第一第二，我们如何学习你？如何实行你在 GE 所推行的第一第二战略？"

对此，杰克·韦尔奇反问道："你是不是在你的细分市场当中希望成为第一名？你是不是在你的特定的发展领域当中希望成为第一名？"

人如果还不能在大的方面成为第一，就力争先在小的方面成为第一。事实是，第一第二不是一蹴而就的，你可以首先努力成为你所在的街区的第一第二，然后逐渐成为你所在的城市、你所在的国家的第一第二，最后再成为世界上的第一第二。犹如你不能成为第一 CEO，你可以成为第一面包师、第一鞋匠、第一服装师。

第一第二战略更是指人做事的一种精神，就是永远要做到最好，如果你不能在你所从事的行业中成为第一第二，你就不能算做到了最好。人就要永远抱持这种做就要做到最好的态度，即使我们开始从事的只是一件小事，但是我们也要力争做到最好。只有这样，我们的人生才能成功。

那我们如何才能做到最好呢？永远追求持续不断地改善。

杜拉克先生还谈过一件影响他一生的事。

一次他去听歌剧，听到了一曲充满探索意味而又生气勃勃、活力四射的歌剧。后来他知道了那是出自已经年届80岁的欧洲第一流的歌剧大师威尔第之手。

有记者采访威尔第："您已经80岁高龄了，又是欧洲最好的歌剧大师，为什么要甘冒风险写出这样富有探索性的歌剧呢？如果失败了，您一世的英名不就毁了吗？"

威尔第回答："在一辈子的音乐家生涯中，我努力追求完美，可惜一直失之交臂。我有责任要再试一次。"

这个世界上唯一可以预料的事，就是总有预料不到的事会出现，所以生活就是遗憾的艺术，需要我们不断地追求完善，永远要有再试一次的精神。

日本企业将他们的成功归功于美国的管理大师戴明博士，日本最高的管理奖就叫戴明奖。

当年麦克阿瑟占领日本时，为了救助日本经济，指示盟军总部大量在日本购买日用品，在众多的采购中，有一批是电话总机，谁知交货装机后不能使用。麦克阿瑟认识到要振兴日本经济，首先就要改善日本的管理水平。

于是，日本的企业家联盟决心邀请戴明博士来讲管理，教授日本企业管理。戴明去了后，发现听众对象是日本一些大企业的工程师和一线的管理者。他就问邀请他去的企业家联盟："你们日本是真的想改变，还是假的想改变？"大家回答："当然是真的想改变。"戴明说："那好，那就请你们让各大企业的总裁来学习。"

此后，戴明博士在日本办了8期总裁班，从此被誉为日本战后复兴的第一功臣。

那么，戴明博士做了什么事呢？

首先他要日本企业认识到高质量的产品不会增加成本，只会减少成本。为了生产高质量的产品，开始成本可能会高，但科学化、规范化后，成本就不会很高了，而且由于保证了质量，次品会减少，顾客也会更喜欢，所以成本反而会降低。

戴明还认为检查不重要。当产品检查出来质量有问题时，已经太晚了。检查的目的是为了找出问题，改善流程，只有通过不断地改善各个环节，才能保证生产出高质量的产品。所以检查只是手段，而不是目的。

更重要的是，戴明博士在日本企业中倡导了一种精神：那就是要永远不断地追求改善，每天进步一点点。现在这种精神已经成为日本企业的标志。

几年前我买了一部尼康F50的相机，但不到几个月就出了F60，再过几个月又出了F70。不仅是相机，日本企业生产的任何一种产品，不都是不断地在更新换代吗？这也正是日本企业追求不断完善精神的体现。

任何事情都不可能做到十全十美，所以我们只有尽力不断地想办法完善它，这也是我一生的信条！

永远追求不断地改善！

我们总在向外部世界索求，但真正的宝藏在我们内心。

05 先找好"雕"，才好弯弓搭箭

你过去或现在的情况并不重要，你将来想要获得什么成就才最重要。除非你对未来有理想，否则做不出什么大事来。

一、有目标才会成功

据美国劳工部统计，每 100 个美国人当中，只有 3 个人能在 65 岁时，可以获得经济上某种程度的无忧无虑。

每 100 个 65 岁（或以上）的美国人当中，97 个人一定要依赖他们每个月的社会保险支票才能生存。这是不是表示美国的梦想已经破裂了？

这是不是表示通货膨胀已失去了控制？是不是表示石油输出国组织控制了美国的能源供应，因而引起世界性的经济不景气？

世界经济情况对美国的生活确实有影响。在不景气时期，以及人工刺激经济复苏的阶段内，美国人民的生活是很艰苦的。不过，另有一些主观因素，拿破仑·希尔认为它们与环境因素同等重要。

每 100 个从事高薪职业——例如律师、医生——的美国人当中，只有 5 个人活到 65 岁时，不必依赖社会保险金。你听到这项统计数字之后，是否大吃一惊呢？不管人们在他们最具生命力的年龄中获得怎样的收入，但只有如此少数的个人能达到可观的经济成就。

大多数人都幻想他们的生命是永恒不朽的。他们浪费金钱、时间以及心力，从事所谓的"消除紧张情绪"的活动，而不是去从事"达成目标"的活动。大多数人每周辛勤工作，赚够了钱，在周末把它们全部花掉。

大多数人希望命运之风把他们吹进某个富裕又神秘的港口。他们盼望在遥远未来的"某一天"退休，在"某地"一个美丽的小岛上过着无忧无虑的生活。倘若问他们将如何达到这个目标。他们回答说，一定会有"某种"方法的。

如此多的人无法达成他们的理想，其原因在于：他们从来没有真正定下生活的目标。

拿破仑·希尔告诉我们，有了目标才会成功。

目标是对于所期望成就的事业的真正决心。目标比幻想好得多，因为它可以实现。

没有目标，不可能发生任何事情，也不可能采取任何步骤。如果个人没有目标，就只能在人生的旅途上徘徊，永远到不了任何地方。

正如空气对于生命一样，目标对于成功也有绝对的必要。如果没有空气，没有人能够生存；如果没有目标，没有任何人能成功。所以对你想去的地方先要有个清楚的范围才好。

马亨芮先生能够从周薪 25 美元的工作，迅速升至副董事长的职位，不久后又升任优良幽默公司的董事长，是因为他有目标随时鞭策自己的缘故。他对目标的解释是："你过去或现在的情况并不重要，你将来想要获得什么成就才最重要。"

二、将来的成就最重要

出色的企业或组织都有 10 年至 15 年的长期目标。经理人员时常反问自己："我们希望公司在 10 年后是什么样呢？"然后根据这个来规划应作的各项努力。新的工厂并不是为了适合今天的需求，而是要满足 5 年、10 年以后的需求。各研究部门也是在针对 5 年或 10 年以后的产品进行研究。

人人都可以从很有前途的生意中学到一课，那就是：我们也应该计划 10 年以后的事。如果你希望 10 年以后变成怎样，现在就必须变成怎样，这是一种很严肃的想法。就像没有计划的生意将会变质（如果还能存在的话），没有生活目标的人也会变成另一个人。因为没有了目标，我们根本无法成长。

现在来谈谈为什么必须有目标才能成功。

曾经，有一个年轻人（暂且称他 F 先生）由于职业发生问题跑来找拿破仑·希尔，这位 F 先生举止大方，聪明，未婚，大学毕业已经 4 年。

他们先谈年轻人目前的工作、受过的教育、背景和对事情的态度，然后拿破仑·希尔对年轻人说："你找我帮你换工作，你喜欢哪一种工作呢？"

"哦！" F 先生说："那就是我找你的目的，我真的不知道想要做什么？"

这个问题很普遍。替他接洽几个老板面谈，对他没有什么帮助。因为误打误撞的求职法很不聪明。由于他至少有几十种职业可选择，选出合适职业的机会却并不大。拿破仑·希尔希望他明白，找一项职业以前，一定要先深入了解那一行才行。

所以拿破仑·希尔说："让我们从这个角度来看看你的计划，10 年以后你希望怎样呢？"

F 先生沉思了一下，最后说："好！我希望我的工作和别人一样，待遇很优厚，并且买一栋好房子。当然，我还没深入考虑这个问题呢。"

拿破仑·希尔对 F 先生说这是很自然的现象。他继续解释："你现在的情形仿佛是跑到航空公司里说：'给我一张机票'一样。"除非你说出你的目的地，否则人家无法卖给你。所以拿破仑·希尔又对他说："除非我知道你的目标，否则无法帮你找工作。只有你自己才知道你的目的地。"

这使 F 先生不能不仔细考虑。接着他们又讨论各种职业目标，谈了两小时。拿破仑·希尔相信他已经学到最重要的一课：出发以前，要有目标。

像那些进步的公司那样，自己要有计划。从某个角度来看，人也是一种商业单位。你的才干就是你的产品，你必须发展自己的特殊产品，以便换取最高的价值。下面有两种很有效的步骤可以帮你做到这一点。

第一，把你的理想分成工作、家庭与社交 3 种。这样可以避免冲突，帮你正视未来的全貌。

第二，针对下面的问题找到自己的答案。我想完成哪些事？想要成为怎样的人？哪些东西才能使我满足？

用下面的 10 年长期计划可以帮你回答以上问题。10 年后的个人形象，10 年长期计划：

一、10 年以后的工作方面：

1. 我想要达到哪一种收入水准？

2. 我想要寻求哪一种程度的责任？

3. 我想要拥有多大的权力？

4. 我希望从工作中获得多大的威望？

二、10 年以后的家庭方面：

1. 我希望我的家庭达到哪一种生活水准？

2. 我想要住进哪一类房子？

3. 我喜欢哪一种旅游活动？

4. 我希望如何抚养我的小孩？

三、10 年以后的社交方面：

1. 我想拥有哪种朋友呢？

2. 我想参加哪种社团呢？

3. 我希望取得哪些社区的领导职位呢？

4. 我希望参加哪些社会活动呢？

拿破仑·希尔的儿子坚持他们两个人合作，替一只小狗"花生"盖一间狗屋，这只小狗是一只活泼聪明的混血小狗，又是他儿子的开心果。拿破仑·希尔终于答应了，于是立刻动手。由于他们的手艺太差，成绩很糟糕。

狗屋盖好不久，有一个朋友来访，忍不住问拿破仑·希尔："树林里那个怪物是什么啊？不是狗屋吧？"拿破仑·希尔说："正是一间狗屋。"他指出一些毛病，又说："你为什么不事先计划一下呢？如今盖狗屋都要照着蓝图来做的。"

在你计划你的未来时，也要这么做，不要害怕画蓝图。现代的人是用幻想的大小来衡量一个人的。一个人的成就多少比他原先的理想要小一点，所以计划你的未来时，眼光要远大才好。

下面是拿破仑·希尔教过的一个学员的部分计划，当他如何计划他的住宅时，他就好像已经看到真的将来的模样。

"我希望有一栋乡下别墅，房屋是白色圆柱所构成的两层楼建筑。四周的土地用篱笆围起来，说不定还有一两个鱼池，因为我们夫妇俩都喜欢钓鱼。房子后面还要盖个都贝尔曼式的狗屋。我还要有一条长长、弯曲的车道，两边树木林立。

"但是一间房屋不见得是一个可爱的家。为了使我们的房子不仅是个可以吃、住的地方，我还要尽量做些值得做的事，当然绝对不会背弃我们的信仰，一开始就要尽量参加教会活动。

"10年以后，我会有足够的金钱与能力供全家坐船环游世界，这一定要在孩子结婚独立以前早日实现。如果没有时间的话，就分成4、5次作短期旅行，每年到不同的地区游览。当然，这些要看我的工作是不是很成功才能决定，所以要实现这些计划的话，必须加倍努力才行。"

这个计划是 5 年以前写的。这位学员当时有两家小型的"一角专卖店"，现在他已经有了 5 家，而且已经买下 17 英亩的土地准备盖别墅。他的确是在逐步实现他的目标。

你的工作、家庭与社交三方面是紧密相连的，每一方面都跟其他有关，但是影响最大的是你的工作。我们家庭的生活水准，我们在社交中的名望，大部分是以我们的工作表现决定的。

麦金塞管理研究基金会曾经做了一次大规模的研究。希望找出杰出主管需要的条件。他们针对工商业、政府机关、科学工程以及宗教艺术的领导人物进行答卷调查。经过印证，终于了解主管最重要的条件就是"渴望进步的需求"。

瓦那梅克先生曾忠告我们，一个人除非对他的工作怀有迫切要求进步的愿望，乐意去做，否则做不出什么大事。

妥善运用你"渴望进步的需求"，往往会产生惊人的力量。

拿破仑·希尔想起了跟一个经常在大学报纸上发表作品的学生的谈话，他的天分很高，有从事新闻事业的潜力。毕业前拿破仑·希尔问他："丹先生，毕业以后打算做什么？准备搞新闻工作吗？"丹先生抬头看他一眼说：

"才怪呢！我非常喜欢写作和报道新闻，而且也发表过一些作品，可是新闻工作尽报道些零零碎碎的消息，我懒得去做。"

拿破仑·希尔大约有 5 年没有听到丹的消息，有一天晚上拿破仑·希尔忽然在新奥尔良遇到丹，当时丹是一家电子公司的助理人事主任，他向拿破仑·希尔表示了对这个工作的不满。

"喔！老实说我的待遇很高，公司有前途，工作又有保障，但是我根本心不在焉，我很后悔没有一毕业就从事新闻工作。"

丹先生的态度反映出他对工作的厌烦，他对于许多事情都看不顺眼。他将来根本没有什么前途，除非他立刻辞职，从事新闻工作。成功是需要完全投入的，只有完全投入你真正喜欢的行业，才有成功的一天。

如果丹先生依照他的需求去做的话，他早就在新闻传播事业中小有成就了；而从长远的眼光看来，他的待遇将比目前高得多，又能获得更大的成就感。

三、目标是构筑成功的砖石

拿破仑·希尔说，正确的心态即 PMA 只是成功战略的第一步，一旦打下了基础，你就可以在上面建筑了，而目标则是构筑成功的砖石。

目标的作用不仅是界定追求的最终结果，它在整个人生旅途中都起作用，目标是成功路上的里程碑，它的作用是极大的。

不成功者常常混淆了工作本身与工作成果。他们以为大量的工作，尤其是艰苦的工作，就一定会带来成功。但任何活动本身并不能保证成功，且不一定是有用的。要一项活动有意义，就一定要朝向一个明确的目标。也就是说，成功的尺度不是做了多少工作，而是做出多少的成果。

关于这个概念，最好的例子是法国博物学家让·亨利·法布尔所做的一项研究的结果。他研究的是巡游毛虫。这些毛虫在树上排成长长的队伍前进，由一条虫带头，其余跟着，法布尔把一组毛虫放在一个大花盆的边上，使它们首尾相接，排成一个圆形。这些毛虫开始行动了，像一个长长的游行队伍，没有头，也没有尾。法布尔在毛虫队伍旁边摆了一些食物，但这些毛虫要想吃到食物就必须解散队伍，不在一条接一条前进。

法布尔预料，毛虫很快会厌倦这种毫无用处的爬行，而转向食物，可是毛虫没有这样做。出于纯粹的本能，毛虫沿着花盆边一直以同样的速度走了7天7夜。它们一直会走到饿死为止。

这些毛虫遵守着它们的本能、习惯、传统、先例、过去的经验、惯例，或者随便你叫它什么好了。它们干活很卖力，但毫无成果。许多不成功者就跟这些毛虫差不多，他们自以为忙碌就是成就，干活本身就是成功。

目标有助于我们避免这种情况发生。如果你制定了目标，又定期检查工作进度，你自然就把重点从工作本身转移到工作成果，单单用工作来填满每一天，这看来再也不能接受了。做出足够的成果来实现目标，这才是衡量成绩大小的正确方法。随着一个又一个目标的实现，你会逐渐明白要实现目标要花多大的力气，你往往还能悟出如何用较少时间来创造较多的价值，这会反过来引导你制定更高的目标，实现更伟大的理想。随着你的工作效率的提高，你对自己，对别人也会有更准确的看法。

06 成功的秘诀，就是热爱生活

聪明人非常热爱生活，热爱自己，在生活中发现发展自己的优势。

成功的秘诀是什么？这个世界上有秘诀吗？如果有秘诀那真的很省事。成功没有秘诀，如果非要说秘诀，那就只能说是：永远地相信自己，永远地热爱生活。

日本著名演员高仓健，去南极拍《南极狐语》时，随飞机带下一只苍蝇，那只苍蝇在南极的冰天雪地中，拼命地挣扎，努力想活命。高仓健看着、看着，流下了眼泪：这么丑陋的生命尚且惜生，何况我们人呢？

活着能干多少事呵！请珍惜生命！

人的成功、幸福、快乐与否，最本源的一条就是看你是否珍惜生命。一个人如果连生命都不珍惜，世界上还有什么值得他追求？他又何来幸福而言呢？

当然尊重生命不是要苟且偷生。真正的尊重生命，是要让生命活得轰轰烈烈，活得有价值。如果只是活着，没有任何梦想，没有任何奋斗，没有让生命彻底地奔放起来。那么生命就只像一桶水，随时间慢慢流淌，最终枯竭。这样活着，不是尊重生命，而是对生命意义的践踏。《红色恋人》中有一句话："如果不能骄傲地活着，我宁愿死去。"

什么叫骄傲地活着？骄傲地活着就是要表现生命的尊严，体现生命的价值。

有些人说那些探险者就不珍惜生命，他们总是用生命去冒险。

有个女画家讲述她去西藏探险的故事："我想去传说中的一个古城遗址。但没有车，我决定步行。背上行囊，带上粮食和水就独自开始了艰难的行程。我边行边画，为西藏的辽阔与粗犷而感动。但不幸我在茫茫的大山之中迷失了方向。几天几夜，粮食吃完了，水喝光了，加上强烈的高原反应，又饥又渴，我已经精疲力竭，上下眼皮沉重得就像灌了铅一样，只是想合上。这里四周一片荒凉，苍鹰就在我头上盘旋，随时等着我死去后来吃我的尸体。我从小娇生惯养，何曾吃过这样的苦，但只要我的意志稍一松懈，就会睡过去永远不能醒来。我不想死。奇怪我读大学时很多时候都想自杀的，这时却有强烈的求生意志。我狠命地咬自己的手腕，用痛楚来刺激自己保持清醒。饥渴了，就接自己的尿喝。就这样在迷迷糊糊之中不知支撑了多少时候，幸好来了一辆路过的军车，我算是捡回了一条命。

"从这以后，我就加倍地珍惜自己的生命。但我还会去冒险，还会去寻找艺术的灵感。"

生命是宝贵的，探险者不是不珍惜生命，他们只是想让生命更充实，更富有灵性。我喜欢西藏，从听郑钧的《布达拉宫》、李娜的《青藏高原》，到齐秦的《北方的狼》，我就向往西藏。但直到看了这位青年女画家的西藏组画，我才被深深震撼了。画中凝聚的粗犷与野性的精神，展现出的痛苦与美丽共存的浪漫，正是人类原始精神的唯一残留地。如果没有亲身的经历，痛苦的感受，又怎么能再现出这样的气势呢？这组画令我感到了前所未有的振奋，激发出了生命中久已衰亡的本能。这组画让我痛下决心，要坐车进西藏，去体味那野性与神秘。

你去过西藏吗？如果没有，我劝你一定要去一去。任何一个人只要去了西藏，不论你有多痛苦，有多少烦恼，大自然的粗犷和野性都会让你心胸开朗。在那样恶劣的自然条件下，人都能生存，我们还有什么不满足的呢？当车一进入西藏时，放眼都是高山，在那些倾斜近70度的高山上，人都站不住，藏民居然能在上面种青稞，满车的人包括老外都惊讶得叫了起来。人有多神奇的能力啊！虽然我们每一个人都正在生存着，但我们却并没能理解生命的神奇与魅力，并没能真正懂得生命的意义。难道我们不应该尽一生之力去探寻生命的奥秘，享受生命的神奇吗？我们太倚重于享受外在的事物，实际上生命本身就是我们享受不尽的源泉。生命的神秘，生命的奥妙，也许我们久已习惯生命，已不太懂得享受，就像我们经常会由于遗忘，手中拿着钥匙却到处找钥匙一样，钥匙不在别的地方，就在我们手上啊！

英国大富豪布兰科创办了闻名世界的唱片、航空帝国，他的触角几乎涉及了商业领域的每一个角落，生活也可以过得穷奢极欲，但他却选择了风险极大的乘热气球环游世界。记者问他怕不怕死，他说怕死极了，但生命中总应该有一些新的东西。

生命中没有了新奇，生命还有什么意义呢？如果我们每天的生活都只是在单调地重复着昨天，那活100岁也就等于活了一天。生命的价值不在于生活的数量，而在于生活的质量。每天去寻求一些新奇，找一些变化，才能感受生命的奥妙，享受生命的喜悦。我想那些成功人士之所以成功，也正是因为他们总在努力追寻生命的新意吧？

活着就要努力去寻找生命的活跃与充实，死亡的否定力量并不意味着我们的生命就是一个将要消磨和消耗掉的废物，我们要面对痛苦、死亡与虚无的威胁，与之对抗，力求在生命中创造出新的意义。

生命是神奇的。千百年来无数哲人、诗人、科学家，都曾探讨生命，为生命发出过感慨，但直到今天，人们仍然在探讨生命，为生命发出感慨。那么生命究竟是什么呢？生命就是心脏的跳动？是脑细胞的活动？或者说是生物体的活动能力？我觉得是又都不是。实际上生命就是每天早上能看到初升的太阳，闻到花香，听到鸟语，能感觉到风吹在脸上，雨淋在身上。拥有生命，就能恋爱、享乐、工作、创造，就能一天一天地长高，就能感受很多的神秘，就能无尽地去拓展。而失去了生命，那就一切都没有了。没有痛苦，也没有欢乐；没有了吃药的苦涩，也没有吃麻辣火锅的畅快；没有了父母的疼爱，情人的依恋……

具体点说，其实生命就像一道菜，菜的好坏，除了要有很好的原材料外，关键还要看厨师，要想生命成为佳肴，是很好的享受，我们每一个人——这道菜的厨师，就要善于烹饪，利用自己的优势，做出美味的佳肴。

第三章 做人当低调，因势而立导

成大事者的关键一条处世原则就是"在小处忍让，在大处求胜"。这就要求处世时，不是一受到别人的冷眼就眼红着急，而是根本不把它当回事，控制自己的情绪，把头低下来，等待下一次时机的到来。

01 看开而不看破，烦恼就会少一点

现实生活中有许多人往往因一些人生道路上的重大挫折，如升学失败、就业无着、恋爱危机而不敢面对和承受，要么出家，伴着暮鼓晨钟、清灯佛影来度此一生；要么自杀，走上轻生之路。他们自以为看开了一切，人生不值得眷恋，还是一了百了为好。其实这不是看开，而是看破了，事实上还是没有看开。

自杀者往往执著于一个意念——想不开、看不开，视人间一切都成为灰色，无一人值得留恋，也无一人留恋自己。他们以为，人活着与死掉其实并无差别，又何必承受痛苦呢？许多自杀者以为自己是严肃的，但是真正严肃地面对生命的人又怎能走上结束生命的道路？这还是没想开、没看开。

想不开、看不开的意念，就像眼前有一片小小的树叶，遮住了所有的阳光。这样的黑暗是自己造成的。人应该知道的是：为何而生，为何而死；人应该决定的是：如何生存下去。如果到了必须决定如何而死时，则不能不作重于泰山与轻于鸿毛的考虑。所以不要萌发出家或轻生的念头，因为这意味着投降，是彻底的失败，完全没有翻本的机会。移开眼睛前面的屏障，看阳光普照大地。给自己一点时间，因为时间是最好的药剂，能够治愈任何创伤。

轻生是看破红尘的表现，贪生怕死同样是看不开的表现。有许多人太眷恋人生，认为自己功未成名未就，人世间的荣华富贵没有享尽，一死了之，太可惜了。这样的人仍然是没有看开。

　　真正看开的人，生死祸福等闲视之。有道是万物皆有生有死，这是生命的自然规律。一个人的生是遵循着自然界运动法则而产生的，而一个人的死亡也是生命历程的自然终极，它是世界万物转化的结果。生好像是浮游在天地之间一样，死则恰似休息于宇宙怀抱之中，这一切实际上是不应该有什么大惊小怪的，生也罢，死也罢，都是非常正常的。生有何欢，死又何惧，生死并没有什么可怕的。

　　庄子生命垂危时，他的弟子们商量准备如何为他进行厚葬。庄子知道了以后，幽默地对他的弟子们说："我死了以后，就把蓝天当做自己的棺椁，把光辉的太阳和皎洁的月亮当做自己的殉葬品，把天上的星星当做珍贵的珍珠。把天下万物当做自己的殉葬品，这些还不够吗？何必还要搞什么厚葬呢？"他的弟子们哭笑不得，解释说："老师呀，即使是那样的话，我们还是担心乌鸦把您给吃了呀！"庄子说："扔在野地里你们怕乌鸦、老鹰吃了我，那埋在地下就不怕蚂蚁吃了我吗？你们把我从乌鸦、老鹰嘴里抢走送给蚂蚁，为什么那么偏心眼呢？"

　　如果能这般把生看得开，把死悟得透，也就不会为生命的即将终结而哭泣，相反还会活出生命的本真。"生死有命，富贵在天。"生命诚然是宝贵的，然而它又是短暂的，死而不能复生，因此活着就应当顺应自然，面对现实，笑对生活。笑对生活是乐生重生，遵循生命的规律，追求高目标，却又看得透、想得开，活得既有意思、有价值，又比较轻松愉快。

　　真正看开的人都不太执著于权势的追逐、金钱的获得、名利的获取，而是返璞归真顺应自然，保持人原有的那种质朴、纯真的自然之性。是那种看庭前花开花落，望天边云卷云舒，宠辱不惊，物我两忘的恬适、超然的心态。

　　人虽在客观世界面前不能随心所欲，但也不是无所作为的。古人常说顺境十之一二，逆境则十之八九。逆境对任何人都是难免的，关键是如何对待的态度。提倡看开而不看破，就是不要斤斤计较于一时一事的成败和得失，更不要刻意去追求名和利，而是要反思过去，立足现实，规划未来，以便自己站在更高的起点上，拥有一个更开阔的视野。与看开不同，看破是一种消极的处世态度，对自己丧失信心，对人生无求无望，清欲寡欢，看破红尘，遁入空门。这样的人在自己的人生轨迹上是不会留下什么痕迹的。因此，唯有看开人生中的坎坷与顺逆，方能窥见人生中的哲理与玄奥。

02 善谋略，把鸡蛋放在不同的篮子里

　　凡是成大事者，均有识时务、谋深计的功夫，这是他们成功的两大砝码。有些人做事不考虑为谁服务，从而不能辨认自己和对方，结果枉费精力，还无人生大局面；另外，谋深计才能有长远眼光，才能让自己有更大发展，此为"近视眼"不能比的。

　　人往高处走，水往低处流。跳槽攀高枝乃是人之常情，犯不着为此而大惊小怪。为自己的前途，每个人都可以而且应该为自己多谋几条出路。

　　自古以来，不考虑长远利益的，就不能够谋划好当前的问题；不考虑全局利益的，就不能策划好局部的问题。正所谓人无远虑，必有近忧。

有一句成语叫"螳螂捕蝉，黄雀在后"。蝉在树上放声歌唱，不知道螳螂正躲在它的身后。螳螂弯着身子躲在一边，正想捕蝉，却不知道有一只黄雀在它身旁。黄雀伸长脖子，正想去捉螳螂，却不知道树下行人举着弹弓要打它。从某种意义上讲"窥测者"大有人在。在竞争胜利者的身前身后，一定有人在睁大双眼，伺机取而代之。如果胜利者放松戒备，骄傲自满，稍有失足，便可能为人提供可乘之机，转胜为败，化强为弱。

因此，聪明的人总是十分注意保持高度警惕，"既胜若否"，以防万一。

从长之计，体现了一个人对问题把握的深度和全局性认识。有些人只看到眼前利益，而忽略长远打算，这是鼠目寸光的表现，有些人则能放开眼光，登高望远，不把一得一失视为要事，而是对人生做长线考虑，故为聪明之举。

03 以退为进，低头无妨做大事

忍让求成有一种表现形式，即吃亏。俗话说："好汉不吃眼前亏。"是指聪明人能见机行事，避开暂时的不利势头，以免吃亏受辱。中国人向来提倡"以忍为上"、"吃亏是福"，这是一种玄妙的处世哲学。常言道：识时务者为俊杰。所谓俊杰，并非专指那些纵横驰骋如入无人之境、冲锋陷阵无坚不摧的英雄，而且应当包括那些看准时局、以忍求成者。

现实生活是残酷的，很多人都会碰到不尽如人意的事情。残酷的现实有时需要你对人俯首听命，这样的时候，你必须面对现实。要知道，敢于碰硬不失为一种壮举，可是，胳膊拧不过大腿，硬要拿着鸡蛋去与石头斗狠，只能算作是无谓的牺牲。这样的时候，就需要用另一种方法来迎接生活。

不妨拿出一块心地，单搁不平之事，闭起双眼，权当不觉。还是那句话：忍——大丈夫要能屈能伸，人在矮檐下，一定要低头。

我们不妨做这样一个假设：你和别人开车时相撞，对方的车只是"小伤"，甚至可以说根本不算伤，你不想吃亏，准备和对方理论一番，可对方车上下来4个彪形大汉，个个横眉怒目，围住你索赔，眼看四周荒僻，也无公用电话，更不可能有人对你伸出援手。请问，你要不要吃"赔钱了事"这个亏呢？

你当然可以不吃，如果你能"说"退他们，或是能"打"退他们，而且自己不受伤。如果你不能说又不能打，那么看来也只有"赔钱了事"了。你说他们蛮横无理也罢，欺人太甚也罢，但你应该明白，在人性丛林里，有时是不太说"理"这个字的。优胜劣汰，适者生存，哪有什么理可说呢。因此，眼前亏不吃，换来的可能是一顿拳打脚踹或是车子被砸坏。报警，人都快被打死了，还报警？报警也不一定来得及。由此可见，"好汉不吃眼前亏"的目的是以吃"眼前亏"来换取其他的利益，是为了生存和实现更高远的目标，如果因为"不吃"眼前亏而蒙受巨大的损失，甚至把命都丢了，哪还谈得上未来和理想。

"进一步寸步难行，退一步海阔天空"，吃亏有时候是必要的，暂时的认输不代表我们没有实力，只是时机还没有成熟，所以我们要在实力还不是很强的时候把头低下，做些对自己有用的大事，总会有"柳暗花明又一村"的时候。

04 得饶人处且饶人，进退有道

生活在纷繁复杂的大千世界里，和别人发生着千丝万缕的联系，磕磕碰碰，出现点摩擦，在所难免。此时，如果仇恨满天，得理不饶人，后果只能是两败俱伤，鱼死网破，而如果采取忍让之道，则会"退一步海阔天空，忍一时风平浪静"。哪个更划算，不言自明。

中国历史上，凡是显世扬名、彪炳史册的英雄豪杰、仁人志士，无不能忍。人生在世，生与死较，利与害权，福与祸衡，喜与怒称，小之一身，大之天下国家，都离不开忍。现代社会中，许多事业上非常成功的企业家、金融巨头亦将忍字奉为修身立本的真经。因而，忍是修养胸怀的要务，是安身立命的法宝，是众生和谐的祥瑞，是成就大业的利器。

忍是一种宽广博大的胸怀，忍是一种包容一切的气概。忍，讲究的是策略，体现的是智慧。"弓过盈则弯，刀过刚则断"，能忍者追求的是大智大勇，决不做头脑发热的莽夫。

忍让是人生的一种智慧，是建立良好的人际关系的法宝。忍让之苦能换来甜蜜的结果。

《寓圃杂记》中记述了杨翥的故事。杨翥的邻居丢失了一只鸡，指骂说是被杨家偷去了。家人气愤不过，把此事告诉了杨翥，想请他去找邻居理论。可杨翥却说："此处又不是我们一家姓杨，怎知是骂的我们，随他骂去吧！"还有一邻居，每当下雨时，便把自己家院子中的积水放到杨翥家去，使杨翥家如同发水一般，遭受水灾之苦。家人告诉杨翥，他却劝家人道："总是下雨的时候少，晴天的时候多。"

久之久之，邻居们都被杨翥的宽容忍让所感动，纷纷到他家请罪。有一年，一伙贼人密谋欲抢杨翥家的财产，邻居得知此事后，主动组织起来帮杨家守夜防贼，使杨家免去了这场灾难。

"春秋五霸"之一的晋文公，本名重耳，未登基之前，由于遭到其弟夷吾的追杀，只好到处流浪。

有一天，他和随从经过一片土地，因为粮食已用完，他们便向田中的农夫讨些粮食，可那农夫却捧了一捧土给他们。

面对农夫的戏弄，重耳不禁大怒，要打农夫。他的随从狐偃马上阻止了他，对他说："主君，这泥土代表大地，这正表示你即将要称王了，是一个吉兆啊！"重耳一听，不但立即平息了怒气，还恭敬地将泥土收好。

狐偃身怀忍让之心，用智慧化解了一场难堪，这是胸怀远大的表现。如果重耳当时盛怒之下打了农夫，甚至于杀了人，反而暴露了他们的行踪。狐偃一句忠言，既宽容了农夫，又化解了屈辱，成就了大事。

忍让是智者的大度，强者的涵养。忍让并不意味着怯懦，也不意味着无能。忍让是医治痛苦的良方，是一生平安的护身符。

生活中许多事当忍则忍，能让则让。善于忍让，宽宏大量，是一种境界，一种智慧。处在这种境界的人，少了许多烦恼和急躁，能获得更加亮丽的人生。

你的竞争对手不是你的敌人，事实上，你与他们有更多的相似之处。一个没有偏见的企业领导人明白，一个好的竞争对手有助于定位市场和传播行业的正面信息。

把你的竞争对手视为对手而非敌人，将会更有益。你一旦把事情定性为"他们反对我"，一旦将世界划分为朋友和敌人，一旦对敌人的行动采取抵御措施，那么，对你的敌人而言，你也会成为他们的敌人，同时你也会成为自己平静心态的敌人。

在军事谋略中，十分强调利用对手的力量保卫自己。在充满竞争的经营环境中，如果你总是处于进攻的状态，那么就会削弱自己的战略地位。如果你随机应变，后退一步，就能够创造性地对许多不同的竞争状况作出反应。

最近在信息高度透明的某行业，有一家公司开始大幅度降价，以此来削弱别人。大多数竞争对手十分愤怒："他们怎么可以这么做？他们打算做什么，毁了我们？破坏整个行业？"自然地，他们也开始进攻，降价更多，价格战于是无休止地持续下去。

然而，有一个公司却利用这场激动人心的价格战的机会，采取了不同的做法。它只是稍微地降价，然后提供几项增值服务，包括为销售代表举办研讨班，同其他公司合作进行交叉促销，等等。当然，所有这些服务都增加了公司的成本，但怎么也比不上单纯降价所导致的成本高。

此外，等到价格战结束之后，该公司已经扩大了市场份额，并且由于顾客认为可以从该公司的增值服务中收获甚多，该公司因而可以适当地提高价格。总之，该公司通过利用竞争对手产生的能量而大大获利。

如果你不保持敏捷，那就会像许多大公司那样，由于自身力量是如此强大——而且公司的政策也加剧这种力量——以至于束缚了员工的创造力，从而饱受竞争之苦。

自然界所有的事物都知道如何以及何时作出屈服。遭遇强风时，树枝的明智之举是弯曲而不是逆风折断。在飓风中，棕榈树会以任何方式向地面弯曲，之后又迅速恢复到笔直的状态。屈服也可以说是一种胜利。懂得如何屈服的最大好处在于，在你取得胜利得以生存的时候，你的对手不会感到被击败。

05 圆通会办事，圆滑会碍事

处世必须圆通，只有圆通才有方式方法可言。

一个国家，一个社会，必须分清是非，建立自身的道德原则和价值标准，这是"方"，"无方则不立"。但是，只有方，没有圆，为人处世只是死守着一些规矩和原则，毫无变通之处，过于直率，不讲情面，过于拘泥于礼仪法度，不懂得根据具体的情况灵活把握，则会流于僵硬和刻板。比如，郑人买履的故事，他在去市场买鞋之前，先量好自己脚的大小尺寸，等到了市场才想起自己忘了拿尺码。卖鞋的告诉他为什么不用脚试一试呢？他回答说，宁可相信尺码，不信自己的脚。还有刻舟求剑的故事等，就是指这种做人拘泥于已有的条条框框，刻板，僵化，不知变通。做人，要学会圆通，但不能圆滑。

圆通就是通常人们所说的持经达权。它意味着一个人有一定的社会经验，对社会有一定的适应能力，能处理好人与人之间的关系，对复杂的局面能控制得住。

圆滑这两个字，人们一般是不太喜欢的。那么，究竟什么是圆滑呢？它是指一些人在做人做事方面的不诚实、不负责任，油滑、狡诈、滑头滑脑。圆滑的人外圆内也圆，为变通而变通，失去原则。有圆无方失之于圆滑。离经而叛道，表面上看是对人一团和气，实际上已丧失了原则立场。

圆滑是一种"泛性"。它可以表现在一个人如何做人的各个方面、各个层次之中：既可以表现在"政治行为"之中，也可以表现在"工作行为"之中，还可以表现在待人接物的细小事务之中；有成熟意义上的圆滑，如"老奸巨猾"，也有一般意义上的圆滑，如为了占小便宜之类的圆滑。

圆滑的人在回答问题时，不是直截了当地表达自己的立场和观点，而是含含糊糊，模棱两可，似是而非。比如："请问要喝咖啡，还是红茶？"圆滑的人不是明白爽快地回答"咖啡"或"红茶"，而是这样回答："随便"或"哪样都可以"。林语堂先生把这种表现称之为"狡猾俏皮"。他打了一个比方：假设一个九月的清晨，秋风倒有一些劲峭的样儿，有一位年轻小伙子，兴冲冲地跑到他的祖父那儿，一把拖着他，硬要他一同去洗海水浴，那老人家不高兴，拒绝了他的请求，那少年忍不住露出诧异的怒容，至于那老年人则仅仅愉悦地微笑一下。这一笑便是俏皮的笑。不过，谁也不能说二者之间谁是对的。

在对某些问题的判断和看法上，圆滑的人常以"很难说"或"不一定"之类的话来搪塞。每一句话都对，听起来很有道理，但是说了等于没说。在遇到什么重大的事或难办的事时，圆滑的人更是一般不会轻易表态。往往只在有了"定论"之后才发表他的"智者的高见"，事后诸葛亮的"妙语"比谁说得都好听。

圆滑的人一般都是"随风倒"的人。像墙头上的草，善辨风向、见风就转舵。这类人，没有是非标准，"风向"对他们来说是唯一判别的标准，谁上台了就说谁的好，谁下台了又开始说谁的不好。

圆滑的人，情感世界复杂多变。待人接物显得非常"热情"，充满了"溢美"之辞，然而只要你细细地观察，这类"热情"中不乏虚伪的成分。这类人，当面净说好话，可一转脸就变成骂娘的话了。这类人，怀揣一种肮脏的心理，设置一些圈套让一些不通世故的人往圈套里钻。甚至"坑"了人家还要让他人说一句感激的话。

满脑子"圆滑"的人，看什么事情都觉得相当圆滑，连带看什么人都觉得丑陋、卑鄙。圆滑者可鄙，提倡做一个圆通而不圆滑之人。

06 做一个海纳百川的"弥勒佛"

古希腊神话中有一位大英雄叫海格里斯。一天他走在坎坷不平的山路上，发现脚边有个袋子似的东西很碍脚，海格里斯踩了那东西一脚，谁知那东西不但没有被踩破，反而膨胀起来，加倍地扩大着。海格里斯恼羞成怒，操起一条碗口粗的木棒砸它，那东西竟然长大到把路堵死了。

正在这时，山中走出一位圣人，对海格里斯说："朋友，快别动它，忘了它，离它远去吧！它叫仇恨袋，你不犯它，它便小如当初，你侵犯它，它就会膨胀起来，挡住你的路，与你敌对到底！"

我们生活在茫茫人世间，难免与别人产生误会、摩擦。如果不注意，在我们轻动仇恨之时，仇恨袋便会悄悄成长，最终会导致堵塞了通往成功之路。所以我们一定要记着在自己的仇恨袋里装满宽容，那样我们就会少一分烦恼，多一分机遇。宽容别人也就是宽容自己。

学会宽容，对于化解矛盾，赢得友谊，保持家庭和睦、婚姻美满，乃至事业的成功都是必要的。因此，在日常生活中，无论对子女、对配偶、对同事、对顾客等等都要有一颗宽容的爱心。

法国 19 世纪的文学大师雨果曾说过这样的一句话："世界上最宽阔的是海洋，比海洋宽阔的是天空，比天空更宽阔的是人的胸怀。"此句话虽然很浪漫，但具有现实意义。

拿破仑在长期的军旅生涯中养成宽容他人的美德。作为全军统帅，批评士兵的事经常发生，但每次他都不是盛气凌人的，他能很好地照顾士兵的情绪。士兵往往对他的批评欣然接受，而且充满了对他的热爱与感激之情，这大大增强了他的军队的战斗力和凝聚力，成为欧洲大陆一支劲旅。

在征服意大利的一次战斗中，士兵们都很辛苦。拿破仑夜间巡岗查哨。在巡岗过程中，他发现一名巡岗士兵倚着大树睡着了。他没有喊醒士兵，而是拿起枪替他站起了岗，大约过了半个小时，哨兵从沉睡中醒来，他认出了自己的最高统帅，十分惶恐。

拿破仑却不恼怒，他和蔼地对他说："朋友，这是你的枪，你们艰苦作战，又走了那么长的路，你打瞌睡是可以谅解和宽容的，但是目前，一时的疏忽就可能断送全军。我正好不困，就替你站了一会，下次一定小心。"

拿破仑没有破口大骂，没有大声训斥士兵，没有摆出元帅的架子，而是语重心长、和风细雨地批评士兵的错误。有这样大度的元帅，士兵怎能不英勇作战呢？如果拿破仑不宽容士兵，那后果只能是增加士兵的反抗意识，丧失了他本人在士兵中的威信，削弱了军队的战斗力。

宽容是一种艺术，宽容别人不是懦弱，更不是无奈的举措。在短暂的生命里学会宽容别人，能使生活中平添许多快乐，使人生更有意义。正因为有了宽容，我们的胸怀才能比天空还宽阔，才能尽容天下难容之事。

07 心田似海，纳百川方见容人

我们说，气量是一种高尚的人格修养，一种"宰相胸襟"，一种大将风度。

唐代娄师德，器量超人，当遇到无知的人指名辱骂时，就装着没有听到。有人转告他，他却说："恐怕是骂别人吧！"那人又说："他明明喊你的名字骂！"他说："天下难道没有同姓同名的人。"有人还是不平，仍替他说话，他说："他们骂我而你叙述，等于重骂我，我真不想劳你来告诉我。"有一天入朝时，因身体肥胖行动缓慢，同行的人说他："好似老农田舍翁！"娄师德笑着说："我不当田舍翁，谁当呢？"

清代中期，当朝宰相张廷玉与一位姓叶的侍郎都是安徽桐城人。两家毗邻而居，都要起房造屋，为争地皮，发生了争执。张老夫人便修书北京，要张廷玉出面干预。这位宰相到底见识不凡，看罢来信，立即做诗劝导老夫人："千里家书只为墙，再让三尺又何妨？万里长城今犹在，不见当年秦始皇。"张母见书明理，立即把墙主动退后3尺；叶家见此情景，深感惭愧，也马上把墙让后3尺。这样，张叶两家的院墙之间，就形成了6尺宽的巷道，成了有名的"六尺巷"。

要心怀坦荡，宽容他人，就必须做到互谅、互让、互敬、互爱。互谅就是彼此谅解，不计较个人恩怨。人都是有感情和尊严的，既需要他人的体谅，又有义务体谅他人。有了互相之间的谅解，就能清心降火，在任何情况下，都能保持平静的心境和宽厚的品格。互让就是彼此谦让，不计较个人名利得失。心底无私天地宽，淡泊名利，摒弃私心杂念，自觉做到以整体利益为重，把好处让给别人，把困难留给自己，相互之间的矛盾就容易化解；争名于朝，争利于市，一事当前先替自己打算，对个人得失斤斤计较，是难以与他人和睦相处的。互敬就是彼此尊重，不计较我高你低。尊重别人是一种美德，"敬人者，人自敬之"，尊重别人，自然会获得别人的好感和尊重。如果无视他人的存在，不尊重他人的人格，就不会有知心朋友。互爱就是彼此关心，不计较品格气质的差异，爱能包容大千世界，使千差万别、迥然不同的人和谐地融为一个整体；爱能熔化隔膜的坚冰，抹去尊卑的界线，使人们变得亲密无间；爱能化解矛盾芥蒂，消除猜疑、嫉妒和憎恨，使人间变得更加美好。

能否拥有雅量，关键靠三点：一是平等的待人态度。不自认为高人一等，保持一颗平常心，平视他人，尊重他人。二是宽阔的胸襟。心胸坦荡，虚怀若谷，闻过则喜，有错就改。三是宽容的美德。能够仁厚待人，容人之过，"宰相肚里能撑船"，而不是斤斤计较，睚眦必报。由此看来，在雅量的背后，实际上反映的是一个人的素养和品行。如今的一些人之所以难有雅量，除了外部环境的影响外，更主要的原因恐怕还是在于以上几个方面修炼不到家，素养与品行上尚欠火候吧。

自古的学者都讲究养能、养学、养气、养德、养心、养量；做人处世，重要的是先要养量。

宋朝宰相富弼，处理事务时，无论大事小事，都要反复思考，因为太过小心谨慎，因此就有人批评他、攻击他。有一天，在他马上要上朝的时候，有人让一个丫鬟捧着一碗热腾腾的莲子羹送给他，并故意装作不慎打翻在他的朝服上。富弼对丫鬟说："有没有烫着你的手？"然后从容换了朝服。

有这样的器量，他能不做宰相吗？

德国的大文学家歌德有一次在魏玛一个公园的小路上散步。那条小路很窄，偏偏遇上了一个对他心存敌意的评论家。他们都停下来看着对方。评论家开口了："我从来不会给一个傻瓜让路。"

"但我会。"说完，歌德退到一旁。

人有一分器量，便有一分气质；人有一分气质，便多一分人缘；人有一分人缘，必多一分事业。虽说器量是天生的，但也可以在后天学习、培养。我们阅读历史，多少的名人圣贤，有时不赞其功业，而赞其器量。所以器量对人生的功名事业，至关重要！

那么如何"养量"呢？

一、平时凡是小事，不要太过和人计较，要经常原谅别人的过失，但是大事也不要糊涂，要有是非观念。

二、不为不如意事所累。不如意事来临时，能泰然处之，不为所累，器量自可养大。

三、受人讥讽恶骂，要自我检讨，不要反击对方，器量自然日夜增长。

四、学习吃亏，便宜先给别人，久而久之，从吃亏中就会增加自己的器量。

五、见人一善，要忘其百非。只看见别人缺点而不见别人的优点，无法养成器量。

你的器量不顾别人，只顾自己，那只能养自己；假如你的肚量能涵容全家，你就能做一家之长；你的肚量能包容一县，就能做县长；能包容一省，就能做省长；能包容一国，就能做国王。历史上，成功的人物，并非他有三头六臂，功力高人，而是他的肚量比一般人大啊！肚量小的人不能容人，人又怎么会容你呢？所以布袋和尚为人歌颂"大肚能容，容却人间多少事；笑口常开，笑尽人间古今愁"。

佛经云：心包太虚，量周沙界。你能把虚空宇宙都包容在心中，那么你的心量自然就能如同虚空一样的广大。有一打油诗云："占便宜处失便宜，吃得亏时天自知；但把此心存正直，不愁一世被人欺。"

有量的人，必定是不会吃亏的啊！

08 学会豁达，站在最光明的角落

人生活于世上，需要面对不同的人，每个人的处世方式、工作能力都不相同，这就需要你有宽宏的心胸。正如许多寺庙里的对联说的那样：大肚能容，容天下难容之事。

美国总统林肯在组织内阁时，所选任的阁员各有不同的个性：有勇于任事、屡建勋绩的军人史坦顿，有严厉的西华德，有冷静善思的蔡斯，有坚定不移的卡梅隆，但林肯却能使各个性格绝对不同的阁员互相合作。正因为林肯有宽宏的度量，能舍己从人，乐于与人为善，尤其是史坦顿，那种倔强的态度，如在常人，几乎不能容忍，唯有林肯过人的心胸，使得他驾驭阁员指挥自如，使每个阁员都能为国效忠。

成功的上司总是豁达大度，决不会因下属的礼貌不周或偶

有冒犯而滥用权威。所以作为上司，应该有宽恕下属的大度，这样才更能赢得下属的拥戴。

有一次，柏林空军军官俱乐部举行盛宴招待有名的空战英雄乌戴特将军，一名年轻士兵被派替将军斟酒。由于过于紧张，士兵竟将酒淋到将军那光秃秃的头上去了。顿时周围的人都怔住了，那闯祸的士兵则僵直地立正，准备接受将军的责罚。但是，将军没有拍案大怒，他用餐巾抹了抹头，不仅宽恕了士兵，还幽默地说："老弟，你以为这种疗法有效吗？"这样，全场人的紧张气氛都被一扫而光。

我国北宋文学家石曼卿有一次游极宁寺，他的随从一时疏忽让马受惊，将他从马上摔了下来。人们都以为他一定要责骂他的马夫，谁知他一边挥着身上的尘土，一边笑着对马夫说："亏得我是石学士，若是瓦学士，还不被你摔碎了！"

下属偶尔冒犯上司，往往事出意外，并非出于故意。如果你"尊颜大怒"，不仅让当事人下不了台，你自己也会给人留下没有涵养、蛮横粗野的印象；而大度地宽恕下属，则既可解除当事人的尴尬，更会增加下属对你的敬佩，融洽你们之间的关系。

俗话说，人无完人。作为下属，难免在工作和生活中偶有过失。这时，上司有权利和义务予以指正，并要求其改正。面对这种情况，如何才能更易被下属接受呢？我们认为有效的办法是委婉地指出下属的过失，让对方在自责中加以改正。据说一位店主的年轻帮工总是迟到，并且每次都以手表出了毛病作为理由。于是那位店主对他说："恐怕你得换一个手表了，否则我将换一位帮工。"这话软中带硬，既保住了对方的面子，又严厉地指出了对方的过失，这样比较易于让对方接受。

豁达对于人生幸福是如此之重要，那么，我们怎样才能使自己的心达到这种境界呢？我们认为，有几点是应该明确的：

第一，你的欲望应该有个度。我们每个人都存在欲望。合理地觅食求偶，无可非议，但欲望超出了一定的原则和范围，就成了罪恶。恣意纵欲，可以污染人群、腐蚀国家。克制你的欲望，使之合理适度，这是心归于祥和平静的一个重要法门。

第二，让自己学会无私。每个人都有各自的工作和生活。如果他在工作和生活中追求的是贡献于社会，为的是民族和国家，而不仅仅是博取功名利禄，那么，就往往不会为时时都可能发生的报酬不公而抱怨、牢骚满腹、耿耿于怀。相反，却会因对同胞、社会、民族有所奉献，心生畅通光明，坦然无悔。一个为自己打算的人凡事斤斤计较，一遇报酬不相应，便会滋生被遗忘、被冷落、被否定的感觉，心的平衡与安宁必荡然无存。只索取不奉献，就会背弃自己作为社会成员应尽的责任。如此，固然省了精力，图了轻松，得了财富，却会为良心恒久的亏欠和懊悔所折磨；遭人白眼唾骂，更是损了人格，失了尊严。

第三，有点自知之明。人们能否得到心灵豁达，能否正确评价自我和确立自我追求是很重要的。一个人评价自我，是通过认识自己的长处和短处来进行的。如果夸大长处，必会傲气盈胸，自命不凡；夸大短处，则自惭形秽，自暴自弃。而只要自我评价一旦失真，人们通常就不知道自己应该做什么和能做些什么，在追求目标的选择上就容易陷入盲目。一个人只有自我评价恰如其分时，才心宁情畅，不骄不躁，不亢不卑。因此，生活目标可订得适度。一种既能充分激发自己的潜力，经过努力又能达到的目标，将使人们内心坚定踏实，永远充满乐观、自信、自尊与自豪。追求豁达的人，必然是一个积极、认真了解自己和切切实实了解了自己的人！

第四，来点自省。人非先天就是圣人，心中难免会有这样那样的错误、暗淡、罪恶、虚伪等念头。存有了这些念头并不可怕，可怕的是放纵、任性和宽恕自己，从而造成恶性循环，永远生活在黑暗中，最后被毁灭。人应该经常反省自己，警惕自己，告诫自己，使这些念头不重复而逐渐把它克服。一个人只有不断地清洗自己的心，扫除思想上的桎梏和精神上的烟雾，才能扩大豁达的心。

豁达是一种情操，更是一种修养。只有豁达的人，才真正懂得善待自己，善待他人，生活才充满快乐，这才是豁达人生！

*09*刚柔并济，进退中享受尊严

方与圆、刚与柔两者的含义具有内在的一致性。圆为和谐、变通、灵活性，体现了柔韧、柔弱的一面，方则为个性、稳定、原则性，体现了刚直、刚强的一面。刚而能柔，这是用刚的方法；柔而能刚，这是用柔的方法。强而能弱，这是用强的方法；弱而能强，这是用弱的方法。在处理天下事时，有以刚取胜的，有以强取胜的；有以柔取胜的，也有以弱取胜的。处世亦同此理。

自然界中弱小者常靠柔韧的品性战胜强大。天下之物莫柔于水，而攻坚强者莫之能先。雪压竹头低，地下欲沾泥；一轮红日起，依旧与天齐。飓风狂暴地侵袭小草，小草只摇晃了一下身子，依然保持了生命的绿色。

人也如此。年轻时，孔子曾去求教老子，老子不跟孔子说话，只是张开嘴让孔子看。深奥的哲理不必用语言交流，但却可以体悟。两位哲人心领神会，张嘴而不说话的哲理：牙齿掉了，舌头还在。牙齿是硬的，舌头是软的，硬的东西因其刚强而死亡，软的东西因其柔弱而存在。所以人到老年，刚硬的牙齿不在了，而柔弱的舌头仍旧灵活自如。刚往往只是外表的强大，柔则常常是内在的优势。因此柔能克刚便成了一条辩证的法则。

刚直容易折断。曾有人这样说：方与严是待人的大弊病，圣人贤哲待人，只在于温柔敦厚。所以说广泛地爱护人民，这叫做和而不同。若只任凭他们凄凄凉凉，保持自身冷傲清高，如此，便是世间的一个障碍物。即使是持身方正，独立不拘，也还是不能济世的人才。充其量只能算一个性情正直、不肯同流合污的人士罢了。但是，只有柔又会怎样呢？倘若世界上只有柔，那就会成为可悲的柔弱，它就可任意扭曲，像一根在水里浸泡了许久的藤条一样。

刚与柔如鸟的两只翅膀，车子的两个轮子，缺一不可。只刚就容易方，只柔就容易圆。为人处世，最好是方圆并用，刚柔并济，这才是全面的方法，也是成功之道。如果能刚而不能柔，能方而不能圆，能强而不能弱，能弱而不能强，能进而不能退，能退而不能进，注定失败。

刚柔相济，大可以用来治理国家天下，小可以用来处世持身。聪明的拳击手常常以此取胜。中国的太极拳和日本的柔道也因此长盛不衰。晚清重臣曾国藩对此领略颇深，他说：做人的道理，刚柔互用，不可偏废。太柔就会萎靡，太刚就容易折断。但刚不是说要残暴严厉，只不过不要强矫而已。趋事赴公，就得强矫。争名逐利，就得谦退。所以他虽居在功名富贵的最高处，却能全身而归，全身而终。

做人处世若能刚柔相济，把方与圆的智慧结合起来，做到该方就方，该圆就圆，方到什么程度，圆到什么程度，都恰到好处，那就是方圆无碍了。方圆无碍，按现在的说法是原则性与灵活性的高度统一，这是一种最高级的战略，最高级的政策，也是为人处世最高级的方式、方法。要做到这一点，则需要高度的智慧和修养。

10 退身可安身，进身可危身

进退之学，历来为人重视，其隐含着做人办事之道。我们知道，人生中总有迫不得已的时候，该怎么办呢？大凡人在初创崛起之时，不可无勇，不可以求平、求稳，而在成功得势的时候才可以求淡、求平、求退。这也是人生进退的一种成功哲学。

1. 后撤是一门做人的哲学。

为什么要后撤？因为再往前面冲，就可能遭遇大麻烦，甚至大危险。换句话，退一步是为了更好地前进一步。这个道理人人皆知，但有许多人就是做不到后撤一步，总是想向前逼进，结果是适得其反。在做人之智中，后撤哲学令人深思、反复玩味。

2. 在进退之间明白人生道理。

早在安庆战役后，曾国藩部将即有劝进之说，而胡林翼、左宗棠都属于劝进派。劝进最力的是王闿运、郭嵩焘、李元度。当安庆攻克后，湘军将领欲以盛筵相贺，但曾国藩不许，只准各贺一联，于是李元度第一个撰成，其联为："王侯无种，帝王有真。"曾国藩见后立即将其撕毁，并斥责了李元度。在《曾国藩日记》中也有多处戒勉李元度审慎的记载，虽不明记，但大体也是这件事。曾国藩死后，李元度曾哭之，并赋诗一首，其中有"雷霆与雨露，一例是春风"句，潜台词仍是这件事。

在进退关系上，曾国藩把握得极好，他不愿只做一个只知进而不知退的人，因为他相信这样一句话："退身可安身，进身可危身。"

11 成大事者要分清主次

大小相对，大可指全局，小可指局部。要做大事，须纵观全局，不可纠缠在小事之中摆脱不出，否则就会一事无成。

《郁离子》中讲了这样一个故事：

赵国有个人家中老鼠成患，就到中山国去讨了一只猫回来。中山国人给他的这只猫很会捕老鼠，但也爱咬鸡。过了一段时间，赵国人家中的老鼠被捕尽了，不再有鼠害，但家中的鸡也被那只猫全咬死了。赵国人的儿子于是问他的父亲："为什么不把这只猫赶走呢？"言外之意是说它有功但也有过。赵国人回答说："这你就不懂了，我们家最大的祸害在于有老鼠，不在于没有鸡。有了老鼠，它们偷吃咱家的粮食，咬坏了我们的衣服，穿通了我们房子的墙壁，毁坏了我们的家具、器皿，我们就得挨饿受冻，不除老鼠怎么行呢？没有鸡最多不吃鸡肉，赶走了猫，老鼠又为患，为什么要赶猫走呢？"

这个故事包含了这样一个简单的道理，任何事情有好的一面，自然也有存在问题的一面，但是我们应该看其主流。赵人深知猫的作用远远超过猫所造成的损失，所以他不赶猫走。日常生活之中确实有像赵国人家的猫那样的人，他们的贡献是主要的，比起他们身上的毛病和他们所做的错事来，要大得多。如果只是盯住别人的缺点和问题不放，怎么去团结人，充分发挥人才的积极性呢？

同样在处理事情的时候，一味地强调细枝末节，以偏概全，就会抓不住要害问题去做工作，没有重点，头绪杂乱，不知道从哪里下手做起。因此，无论是用人还是做事，都应注重主流，不要因为一点小事而妨碍了事业的发展。须知金无足赤，人无完人，我们要用的是一个人的才能，不是他的过失，那为什么还总把眼光盯在那个人的过失上边呢？

古人把对小节不究看做是一个人能否成大事的关键。所以《列子·杨朱》篇中讲，要办大事的不计较小事；成就大功业的人，不追究琐事。

12 登高必自卑，行远必自迩

古人说："惟有埋头，乃能出头。"种子如不经过在坚硬的泥土中挣扎奋斗的过程，它将止于一粒干瘪的种子，而永远不能发芽滋长成一株大树。

许多有抱负的人忽略了积少才可以成多的道理，一心只想一鸣惊人，而不去做埋头耕耘的工作。等到忽然有一天，他看见比自己开始晚的，比自己天资差的，都已经有了可观的收获，他才惊觉到在自己这片园地上还是一无所有。这时他才明白，不是上天没有给他理想或志愿，而是他一心只等待丰收，可是忘了播种。

因此，单是对自己那无法实现的愿望焦急慨叹是没有用的。要想达到目的，必须从头开始。所谓"登高必自卑，行远必自迩"；

正如爬山，你只要低着头，认真耐心地去攀登。到你付出相当的辛劳努力之后，登高下望，你才可以看见你已经克服了多少困难，走过了多少险路。这样一次次的小成功，慢慢才会累积成大的更接近理想目标的成功。

最终的目标绝不是转眼之间就可以达到的，在未付出辛劳艰苦和屈就的代价之前，空望着那遥远的目标着急是没有用的。而唯有从基本做起，按部就班地朝着目标行进才会慢慢地接近它、达到它。

有时候，也不是我们对自己食言，而是我们缺乏成功所要求我们付出的相应的毅力和持之以恒的态度。其实很多时候，成年人和小孩子是一样的。成年人也会喜欢玩乐，喜欢游戏，喜欢拖延，或许比小孩子还更缺乏自制力。当我们需要面对我们为成功而设计的计划时，当我们需要开始做出具体的行动时，痛苦就来了。举个简单的例子来说吧，你准备出国读 MBA，这是你的近期目标，你的远期目标是当你拿到学位时，你要在国际大都市的跨国公司里谋得一个职位，然后从那个起点上进行新的人生奋斗，成为一个全方位的高级国际管理人才。这个目标无疑是美好的，但你得为实现这个目标开始付出努力。

你得准备 TOEFL，GRE，GMAT。当你需要坐在桌前，面对英文资料时，你就会觉得辛苦。那种每天、每夜需要付出的实际努力才是对你的真正考验。大量的记忆、重复枯燥的劳动会令你很容易觉得厌倦。电影、书籍、娱乐、美食在时时向你发出诱惑。这时，如果没有足够的毅力，你很容易会放松对自己的要求，向这些诱惑投降。

所以说，做什么事情，都要一步一步来，持之以恒，当积累了足够实力的时候，那么，成功离你也就不远了。

第四章

做事想给力，
思路来决定

　　做事时思路很重要，一个好的思路能够让自己节省很多时间和精力，要不怎么会有事半功倍一说呢。同样的事情，不同的人做，其效果和效率是截然不同的。

01 学会横着切苹果

切苹果历来都是竖着切，人们从来都如此，谁也不曾想过横着切，而且还会认为横着切是错的。可是一个 6 岁的孩子却横着把苹果切开了，因为他脑子里没有"横着切是错的"这样的框框。于是人们才有幸看到苹果横断面上的那个由果核组成的五角星。可见，如果不改个切法，人们永远也发现不了这个五角星的，所以，这个小事告诉我们，做事不要被固有的思维定式所束缚，另辟蹊径，别有洞天。

圆珠笔刚发明的时候，芯里面装的油较多，往往油还没用完，小圆珠就被磨坏了，弄得使用者满手都是油，很狼狈。于是很多人开始想办法延长圆珠的使用寿命，用过不少特殊材料来制造圆珠，但是珠子仍然在笔芯中的油没用完时就坏掉了。因而很多人认为圆珠笔将被淘汰。就在这时候，有人抛弃了改进圆珠的做法，改换思路，把笔芯变小，让它少装些油，使油在珠子没坏之前就用完了。于是，问题解决了，圆珠笔大行于世。由此可见，在某些时候，旧的思维定式不能解决问题，就一定要改换想法，另辟路径。

有个人在一家外企做会计。公司的贸易业务很忙，节奏也很紧张，往往是上午对方的货刚发出来，中午账单就传真过来了。随后就是快寄过来的发票、运单等。这个人的桌子上总是堆满了各种讨债单。讨债单太多了，都是千篇一律地要钱，他常不知该先付谁的好，经理也一样，总是大概看一眼就扔在桌上，说：

"你看着办吧。"但有一次是马上说:"付给他。"仅有的一次。那是一张从巴西传真来的账单,除了列明货物标的、价格、金额外,大面积的空白处写着一个大大的"SOS",旁边还画了一个头像,头像正在滴着眼泪,简单的线条,但很生动。这张不同寻常的账单一下子引起这位会计的注意,也引起了经理的重视,他看了便说:"人家都流泪了,以最快的方式付给他吧。"经理和这位会计心里都明白,这个讨债人未必在真的流泪,但他却成功了,一下子以最快速度讨回大额货款。因为他多用了一点心思,把简单的"给我钱"换成了一个富含人情味的小幽默,仅此一点,就从千篇一律中脱颖而出。

世界上每天都有很多人在碰壁,他们都在用千篇一律的、规范但雷同的运作方式,其实一点小小的改进,一种新的方式就会给自己带来好运气。

02 要想出彩,先得会动脑

一个城里男孩凯尼移居到了乡下,从一个农民那里花100美元买了一头驴,这个农民同意第二天把驴带给他。

第二天农民来找凯尼,说:"对不起,小伙子,我有一个坏消息要告诉你,驴死了。"

凯尼回答:"好吧,你把钱还给我就行了。"

农民说:"不行,我不能把钱还给你,我已经把钱给花掉了。"

凯尼说:"OK,那就把那头死驴给我吧。"

农民很纳闷:"你要那头死驴干吗?"

凯尼说："我可以用那头死驴作为幸运抽奖的奖品。"

农民叫了起来："你不可能把一头死驴作为抽奖奖品，没有人会要它的。"

凯尼回答："别担心，看我的。我不告诉任何人这头驴是死的就行了。"

一个月以后，农民遇到了凯尼，农民问他："那头死驴后来怎么样了？"

凯尼说："我举办了一次幸运抽奖，并把那头驴作为奖品，我卖出了500张彩票，每张2块钱，就这样我赚了998块钱。"

农民说："哇！那群人没有把你打死！？"

凯尼骄傲地回答："只有一个人会来打我，就是那个中奖的。所以我把他买彩票的钱还给他不就没事了？

许多年后，长大了的凯尼成了安然公司的总裁。

独创性是创造性思维的根本特征，创新就是要敢于超越传统习惯的束缚，摆脱原有知识范围的羁绊和思维过程的禁锢，善于把头脑中已有信息重新组合，从而发现新事物，提出新见解，解决新问题，产生新成果。这样突破常规的例子数不胜数。

暑假前，16岁的佛瑞迪对父亲说："我要找个工作，这样我整个夏季就不用伸手向你要钱了。"不久佛瑞迪便在广告上找到适合他专长的招聘岗位。第二天上午8点钟，他按要求来到纽约第42街的报考地点，可那时已有20位求职者排在队伍的前面，他是第21位。

怎样才能引起主考者的特别注意而赢得职位呢？佛瑞迪沉思良久后想出了一个主意：他拿出一张纸，在上面写了几行字，然后把纸折得整整齐齐交给秘书小姐，恭敬地说："小姐，请你马上把这张纸条交给你的老板，非常重要！""好啊，先让我来看看这张纸条……"秘书小姐看了纸条上的字后不禁微笑起来，并立刻站起来走进老板的办公室。结果，老板看了也大声笑了起来。原来纸条上写着："先生，我排在队伍的第21位。在您看到我之前，请不要做任何决定。"最后，佛瑞迪如愿以偿地得到了这份工作。

很显然，这是佛瑞迪善于思考产生的效果。佛瑞迪的故事和成功经验形象地告诉我们：一个会动脑筋思考的人总能把握住机会，并妥善地解决问题。可以说成功离不开睿智的创意。

03 没有调查，发言权从何而来

富兰克林曾经提醒我们："当发怒和鲁莽开步前进的时候，悔恨也正踩着两者的足迹接踵而来。"遇到不如意的事情就勃然大怒，只不过是宣泄自己的不满情绪，绝不会帮助自己解决问题，或是走出困境。

某企业的一个市场调查科长，因为提供了错误的市场信息而造成了企业的重大损失。犯了这样严重的错误，毫无疑问，企业总经理可以不问理由地对他进行斥责，甚至撤职。

但是，这位怒上心头的总经理还是忍了忍，他想先了解一下：到底是这位科长本身不称职而听信了错误讯息呢，还是由于不可预料的原因导致的？

于是，这位总经理压下了心中的怒火，心平气和地把科长叫来，叫他把为什么判断失误的原因写一个报告交上来。

事情就这样拖了一段时间，几个月之后，这家公司因为这位市场调查科长提供的讯息研判极为准确而饱赚了一笔。

于是，总经理又叫人把那个科长请来，说："你上次的报告我看了，你们的工作做得不太细致，有一定责任，但主要是不可预测的意外原因造成的，因此公司决定免除对你的处罚，你也不要把它再放在心上，只要以后汲取教训就行了。这一次，你做得不错，为公司提供了重要讯息，我们仍然一样地表扬你。"

说完之后，总经理随即从办公桌里拿出一个红包递给他，这个科长接过来时，不禁眼眶泛红。

俄国文豪屠格涅夫曾经说道："开口之前，应该先把舌头在嘴里转十个圈。"这不仅仅是说讲话前要三思，更是说弄清情况前要仔细调查。身为领导者千万不能随便发飙，在批评下属之前，一定要把情况了解清楚：这个错误是不是他犯的，这个错误是由于主观原因，还是客观原因……等等。如果你一看到下属出了问题，就不管三七二十一痛加批评和指责，假如他真错了，也许就默认了；但如果不是他的错，肯定会对你满肚子意见，虽然口头上不说，但心里一定怨恨："你怎么连情况都不问清楚，就随便骂人呢？真差劲！"

因此，千万要切记，在开口批评人之前，一定要了解事实，在心里问一下自己："我不会搞错吗？"否则，乱指责人，不仅落了个乱骂人的坏名声，事后还得向下属赔礼道歉。然而，就算你能放下架子，坦率地向下属说"对不起，是我弄错了"，下属所受的伤害和内心对你的憎恶，却很难一下子就冰释。

如果你了解这个错误确实是下属犯的，也还要进一步调查和思考，这个下属该承担多大的责任？错误的原因是不可避免的，是一时的疏忽，还是责任心不强，甚至是明知故犯？

因此，你一定要管好自己的口，要牢记一句话："没有调查就没有发言权"。见到问题时，先别忙着发怒和批评人，而是先了解情况。这样一来，主动权就操在你的手里，你想在什么时候、采取什么方式对他进行批评，完全由你决定。

04 教条化是你事业失败的"墓志铭"

如果你把六只蜜蜂和同样多只苍蝇装进一个玻璃瓶中，然后将瓶子平放，让瓶底朝着窗户，会发生什么情况呢？

你会看到，蜜蜂不停地想在瓶底上找到出口，一直到它们力竭倒毙或饿死；而苍蝇则会在不到两分钟之内，穿过另一端的瓶颈逃逸一空——事实上，正是由于蜜蜂对光亮的喜爱，由于它们的智力，蜜蜂才会灭亡。

蜜蜂以为，囚室的出口必然在光线最明亮的地方，它们不停地重复着这种合乎逻辑的行动。对蜜蜂来说，玻璃是一种超自然的神秘之物，它们在自然界中从没遇到过这种突然不可穿透的大气层；而它们的智力越高，这种奇怪的障碍就越显得无法接受和不可理解。

那些愚蠢的苍蝇则对事物的逻辑毫不留意，全然不顾亮光的吸引，四下乱飞，结果误打误撞地碰上了好运气；这些头脑简单者总是在智者消亡的地方顺利得救。因此，苍蝇得以最终发现那个正中下怀的出口，并因此获得自由和新生。

上面所讲的故事并非寓言，而是美国密执安大学教授卡尔·韦克转述的一个绝妙的实验。韦克是一个著名的组织行为学者，他总结道："这件事说明，实验、坚持不懈、试错、冒险、即兴发挥、最佳途径、迂回前进、混乱和随机应变，所有这些都有助于应付变化。"

其实，做任何事情都没有教条，如果你是想把它做好的话。

只有拥有随机应变、坚持不懈等等素质，我们才能把事情办到位，适应我们所办的事情所存在的条件环境。

比塞尔是西撒哈拉沙漠中的一颗明珠，每年有数以万计的旅游者来到这里。可是在肯·莱文发现它之前，这里还是一个封闭而落后的地方。这里的人没有一个走出过大漠，据说不是他们不愿离开这块贫瘠的土地，而是尝试过很多次都没有走出去。

肯·莱文当然不相信这种说法。他用手语向这里的人问明原因，结果每个人的回答都一样：从这里无论向哪个方向走，最后都还是转回出发的地方。为了证实这种说法，他做了一次试验，从比塞尔村向北走，结果3天半就走了出来。

比塞尔人为什么走不出来呢？肯·莱文非常纳闷，最后他只得雇一个比塞尔人，让他带路，看看到底是为什么？他们带了半个月的水，牵了两峰骆驼，肯·莱文收起指南针等现代设备，只挂一根木棍跟在后面。

10天过去了，他们走了大约800英里的路程，第十一天的早晨，他们果然又回到了比塞尔。这一次肯·莱文终于明白了，比塞尔人之所以走不出大漠，是因为他们根本就不认识北斗星。

在一望无际的沙漠里，一个人如果凭着感觉往前走，他会走出许多大小不一的圆圈，最后的足迹十有八九是一把卷尺的形状。比塞尔村处在浩瀚的沙漠中间，方圆上千公里没有一点参照物，若不认识北斗星又没有指南针，想走出沙漠，确实是不可能的。

肯·莱文在离开比塞尔时，带了一位叫阿古特尔的青年，就是上次和他合作的人。他告诉这位汉子，只要你白天休息，夜晚朝着北面那颗星走，就能走出沙漠。阿古特尔照着去做，3天之后果然来到了大漠的边缘。阿古特尔因此成为比塞尔的开拓者，他的铜像被竖在小城的中央。铜像的底座上刻着一行字：

新生活是从选定方向开始的。

做事情要及时调整正确的方向，不是凭着感觉走。否则，我们最终将被混乱控制。

05 "狼群效应"的结果，你是受益者

一个人往往在对手的督促下，才能谨小慎微，少犯许多错误。相反，如果没有对手的督促，一意孤行，往往会落于失败的陷阱之中。其实早在几百年前，达·芬奇也说过一个类似的寓言故事：

在很久很久以前，有一只小老鼠住在一个树洞之中。只不过，在外面不远的地方，居住着一只想捕食它的鼬鼠。所以，每一次小老鼠想要出去找食物时都会非常小心，也全靠如此，才多次逃得性命。

有一天早晨，它正准备出去时，才发现那只可怕的鼬鼠正在不远处行走。哇，今天真险！我要让它先过去，免得自己变成它的午餐。但突然之间，一只灰猫跳了出来，一下子就咬住了鼬鼠，开始吞食起来。惊魂初定的小老鼠，不禁得意起来。哇，今天我真走运，现在危险已经过去，从此之后，我可以大摇大摆地出去觅食。开心的小老鼠还没有在森林中自由玩耍多大一会儿，就在贪婪的灰猫口中丧失了性命。就像这个小老鼠，在面临着鼬鼠的威胁时，才会变得异常机警，从而逃过一场又一场的劫难。相反，在缺乏对手之后，忘乎所以，放松了警惕，自然就会跌落失败的深渊。

　　对手究竟是什么？也许在许多情况下，对手就是让自己变得更加成熟，更加完美的人。也许你要感谢一个个给你带来麻烦，甚至是痛苦的对手，因为只有这样，你才能在成功的道路上，走得更远更长。

　　也许要感谢你的对手。在这个复杂的社会中，总是存在着各种竞争，甚至是你死我活的厮杀。于是，无论是在职场，还是商场，几乎每一个人的面前，都或多或少存在着对手。那也许是自己的同事，也许是同行，甚至是你完全不知道的人，都会透过一个个途径，让你的生活充满了紧张感。但对手是否都是负面与不必要的呢？答案也许出乎你的意料之外。有这样一个故事。

　　在某家公司里，有一位掌管销售的副总经理，总是与掌管财会的刘女士存在许多矛盾。在这间经理办公室里，时常可以听到张副总的抱怨声："这也不能报销，那也不能支出，她哪知道我们在外面开发业务的艰难啊！"确实，目前的经济不景气，业务员们通常要花费更多的气力，才能获得一定的成绩，各种说不清楚的支出，自然会比较多。但这位较为死板的刘会计，也不知道变通，整天只会按章办事，难怪让这位张副总愤愤不平，产生不少争执。公司的员工们也都知道，张副总与刘会计是一对难以共事的冤家对头。不久之后，善于运用智谋的张副总，就使了一个坏招，让老实的刘会计，背上了一个黑锅，成为代罪羔羊，被迫辞职。而不久之后，年迈的总经理，也已退休，让他顺利升职，成为新的总经理。坐在宽敞的总经理办公室，张总经理得意洋洋，现在公司里面的一切，都顺心如意，再也没有人敢和自己做对了。花起钱来，也自然大胆了。

　　但不久之后，公司的业绩，却不见起色，面对董事会的压力，焦急不安的张总经理，想了许多方法，都不见成效，到最后，终于想出了一个新的点子：更改公司的账目，让亏损的数字统统都变成赢利，不就可以让董事会满意了嘛。想到这里，他找来了公司的新会计，幸好他非常合作，立即就更改了账目。顿时间，在董事会，这位新总经理获得了一阵叫好声，诸位董事对他的成绩非常满意，还准备送给他高额的红股。但纸始终包不住火，不久之后，东窗事发，他不仅被董事会免职，还受到检察部门的追究，弄得身败名裂。有一天，当他面对记者的追问时，深有所感地说道："要是我不将那个刘会计赶走就好了，她肯定不会让我这么做，我也不会弄得如此的下场。"只不过，一切都晚了。相信类似的故事，许多人都听到过。

将对手看成是朋友，将每一次指责与批评，都看成是改正的良机。改变一下思路也许才是最佳的做事之道。

06 当断不断，反受其乱

麦克·瓦拉史是位著名电视节目主持人，他主持的《六十分钟》是人人乐道的节目。有这样一个故事……在刚进入电视台的时候他是一名新闻记者，因他口齿伶俐，反应快，所以除了白天采访新闻外，晚上又报道7点半的黄金档。以他的努力和观众的良好反应，他的事业应该是可以一帆风顺的。

不过很不幸的是，因为麦克的为人很直率，一不小心得罪了顶头上司新闻部主管。有一次在新闻部会议上，新闻部主管出其不意地宣布："麦克报道新闻的风格奇异，一般观众不易接受。为了本台的收视率着想，我宣布以后麦克不要在黄金档报道新闻，改在深夜十一点报道新闻。"

这个毫无前兆的决定让大家都很吃惊，麦克也很意外。他知道自己被贬了，心里觉得很难过，但突然他想到"这也许是上天的安排，主要是在帮助我成长"，他的心渐渐平静下来，表示欣然接受新差事，并说："谢谢主管的安排，这样我可以利用六点钟下班后的时间来进修。这是我早就有的希望，只是不敢向你提起罢了。"

此后，麦克天天下班之后就去进修，并在晚上10点左右赶回公司准备11点的新闻。他把每一篇新闻稿都详细阅读，充分掌握它的来龙去脉。他的工作热诚绝没有因为深夜的新闻收视率较低而减退。

渐渐地，收看夜间新闻的观众愈来愈多，佳评也愈来愈多。随着这些不断的佳评，有些观众也责问："为什么麦克只播深夜新闻，而不播晚间黄金档的新闻？"询问的信件、电话不断，终于惊动了总经理。

总经理把厚厚的信件摊在新闻部主管的面前，对他说："你这新闻主管怎么搞的？麦克如此人才，你却只派他播十一点新闻，而不是播七点半的黄金时段？"

新闻部主管解释："麦克希望晚上六点下班后有进修的机会，所以不能排上晚间黄金档，只好排他在深夜的时间。"

"叫他尽快重回七点半的岗位。我下令他在黄金时段中播报新闻。"

就这样，麦克被新闻部主管"请"回黄金时段。不久之后，被选为全国最受欢迎的电视记者之一。

过了一段时间，电视界掀起了益智节目的热潮，麦克获得十几家广告公司的支持，决定也开一个节目，找新闻部主管商量。

积着满肚子怨恨的新闻部主管，板着脸对麦克说："我不准你做！因为我计划要你做一个新闻评论性的节目。"

虽然麦克知道当时评论性的节目争论多，常常吃力不讨好，收入又低，但他仍欣然接受说："好极了！"

自然，麦克吃尽苦头，但他没说什么，仍是全力以赴，为新节目奔忙。节目上了轨道后渐渐有了名气，参加者都是一些出名的重要人物。

总经理看好麦克的新节目，也想多与名人和要人接触。有天他招来新闻部主管，对他说："以后节目的脚本由麦克直接拿来给我看！为了把握时间，由我来审核好了，有问题也好直接跟制作人商量！"

从此，麦克每周都直接与总经理讨论，许多新闻部的改革也有他的意见。他由冷门节目的制作人，渐渐变成了热门人物。他也获得了许多全美著名节目的制作奖。

相信自己的实力，即使经历种种障碍，只要你坚持下去，终将获得应有的成就。

有时候人们受制于思维惯性，经常犹豫不决，随波逐流，无法做出真正有利于自己的决策，这时候换个角度思考也许前途就会不一样。

07没有什么比空想更浪费时间

著名作家海明威小的时候很爱空想，于是父亲给他讲了这样一个故事：

有一个人向一位思想家请教："你成为一位伟大的思想家，成功的关键是什么？"思想家告诉他："多思多想！"

这个人听了思想家的话，仿佛很有收获。回家后躺在床上，望着天花板，一动不动地开始"多思多想"。

一个月后，这个人的妻子跑来找思想家："求您去看看我丈夫吧，他从您这儿回去后，就像中了魔一样。"思想家跟着到那个人家中一看，只见那人已变得形销骨立。他挣扎着爬起来问思想家："我每天除了吃饭，一直在思考，你看我离伟大的思想家还有多远？"

思想家问："你整天只想不做，那你思考了些什么呢？"

那个人道："想的东西太多，头脑都快装不下了。"

"我看你除了脑袋上长满了头发，收获的全是垃圾。"

"垃圾？"

"只想不做的人只能生产思想垃圾。"思想家答道。

我们这个世界缺少实干家，而从来不缺少空想家。那些爱空想的人，总是有满腹经纶，他们是思想的巨人，却是行动的矮子；这样的人，只会为我们的世界平添混乱，自己一无所获，而不会创造任何的价值。

在父亲的教导下，海明威后来终其一生总是喜欢实干而不是空谈，并且在其不朽的作品中，塑造了无数推崇实干而不尚空谈的"硬汉"形象。作为一个成功的作家，海明威有着自己的行动哲学。"没有行动，我有时感觉十分痛苦，简直痛不欲生。"海明威说。正因为如此，读他的作品，人们发现其中的主人公们从来不说"我痛苦"、"我失望"之类的话，而只是说"喝酒去"、"钓鱼吧"。

海明威之所以能写出流传后世的名著，就在于他一生行万里路，足迹踏遍了亚、非、欧、美各洲。他的文章的大部分背景都是他曾经去过的地方。在他实实在在的行动下，他取得了巨大的成功。

思想是好东西，但要紧的是付诸行动。任何事情本来就是要在行动中实现的。

行动就是最好的改变思路的方法。

08 亡羊补牢，永远都为时不晚

很多人对自己使用的东西都有一种修补心理。我们生活中做每件事情，都应该有一个大局的眼光，但是有时候我们常常被眼前的蝇头小利所迷惑，产生了这种极不科学的修补心理。

某家报纸曾经刊登过这样一个事例：

一个香港的老板来内地投资，机器设备都是从国外进口的最好的，生产效率极高。但是有一天突然这个地方发了洪水，虽然经过奋力抢救使大部分机器脱离了险情，但还是有一台设备没有抢救出来。洪水退了，为了尽快恢复生产，香港老板就在当地市场上尽快采购了一台本地制造的机器来充当重任。

这台机器质量还过得去，用了一段时间也没有什么大的问题，但是不久它就原形毕露，各种小毛病开始显现出来。今天这个螺丝松了，明天那个零件坏了，总得不断修理，这样常常影响整个生产任务的顺利进行。老板想重新买一台进口的新机器，但是进口机器非常贵，再说这台机器也还能用，所以就这么一天又一天地耗着。但那个本地产的机器还是不争气，总是出毛病，而且损坏的周期越来越短。到年底一算细账，就因为这台机器的这些各种小毛病，产量较上年度有明显地减少，这些损失加上维修费用等，足可以换一台进口机器了。香港老板这才下了决心，以低廉的价格把这台机器处理掉，从国外购置回一台新机器。

但凡我们想把一件事情做好的时候，我们都不能有凑合用的心理，应该更换的东西一定要更换，该重新购置的东西就重新买，只有这样才能提高整个工作的效率。细枝末节上的修修补补，虽然能够满足暂时的需求，但是从整个长远的计划完成的角度来看，这会是非常不明智的做法。

我们日常生活中都有不少这样的例子，为了节省一些眼前看得见的钱，而宁愿去花费大量的时间和精力去修补那些应更新淘汰的东西，用明天的收益去做赌注。同样道理，在做事情和用人上也绝不能有此类的凑合、修补心理，今天这儿出问题，明天那儿有毛病，既影响效率，又影响心情，而且这些薄弱环节总会在关键时刻掉链子，给你造成更大的损失。

有些损失已经不可避免的时候，换个角度想，及时止损就是最大的节省，如果不知变通，就只会带来更大的损失。

*09*常常转一转脑子，让思维跳跃

其实要保持工作的高效率，就必须保持头脑的正常运转，思维的灵活。比如说，工作之余可以看看"脑筋急转弯"，多思考一些人生哲理和未来计划，或者看完一部电影后，和朋友讨论、分析它的优缺点。重点是，要经常用脑进行积极思考，并训练自己对周围事物的敏感度。

灵活的头脑有助于记忆力的增长，而记忆力又是工作效率不断提高的可靠保障。虽然有很多事情可以记在备忘录上，但是如果每天都要花很多时间填写、查看备忘录的话，也不是很有效率的做法。因此，还要靠自己的头脑比较经济实惠。

问问看，弄清楚自己的左脑与右脑哪一边比较常用或是比较发达。一般来说，左脑发达的人通常在数理或分析能力方面较强；而右脑发达的人则是对美术、艺术等感性的东西敏感度更高。

经常使用左脑的人，要多做一些锻炼右脑的运动。例如多听听音乐、多看一些展览、多做一些趣味性的活动。只要能"极尽感性之能事"，就可以调节一下自己过去理性的生活。

而对于已经颇具艺术感的人来说，右脑已经练得差不多了，应该着重对左脑做一些有建设性的训练。例如尽量多用心算，少用计算器；多阅读，多对事情做理性的分析、判断。

还有一些小小的运动也可以在日常生活中起到锻炼脑部的作用。比方说，一个左脑发达的人在下班时可以坐在公交车左边的座位，然后试着用左眼去看窗外的事物，借以锻炼自己的右脑。

随时为自己的左手创造锻炼机会。因为大部分的人经常使用右手，这样，右脑所管辖的左手运动量就大大地减少了。因此，习惯性地使用自己的左手是一种很好的开发右脑的方法。

除此以外，还可以练习用左手做一些简单的事，像拿杯子喝水、换电视频道、拨电话号码等。

无论如何，多做运动总没有什么坏处，又可以达到"头脑不简单，四肢很发达"的效果，何乐而不为呢？

记忆力也是可以通过加强训练而提高的。

比如说，你同时有3件事要办，虽然这3件事本身毫无任何联系，但是如果你以这3件事的办理地点连成一个路线图来记忆，可能就会简单得多。

从小到大，人们都是被训练成一个死记硬背的人，而忽略了可以激发创造力的右脑的开发。所以，有机会要努力尝试做一个"印象派"的人，尽量用"画面"来代替文字记忆。

用"画面印象"的方法来记忆东西，不但可以激发右脑潜能，启发人的创造力，还可以增强记忆力，节省时间，实在是提高效率的好方法。

手巧要靠勤练，脑筋活也要靠常用，时常动脑的人才能头脑灵活，思路开阔。

10 敢做白日梦的人其实是天才

都说白日梦不能实现，但是我们发现生活中很多白日梦都实现了。为什么会出现这种反差？原因在于说白日梦不能实现的人往往是凭借自己已有的经验，而这些经验很多时候都是错的。与此同时，能做白日梦的人，他们既然敢做梦，就一定有勇气去实践它。我们在嘲笑别人做白日梦的时候，不知道扼杀了多少天才的想法。死板的人往往太脚踏实地，过于注重自己的经验，他们没有持续的想象空间，因此也很难获得大的成功。

戴尔还只是个小学生的时候，有一次他无意中看到报纸上有一则广告："只要通过本考试中心的一个测试，您就能直接获得高中毕业证书。"小戴尔真是欣喜若狂，心想这可是天大的好事，如果省掉那些烦人的课程、傲慢的老师和无休止的考试，就能直接高中毕业，岂不快哉？想到这儿，戴尔几乎笑不拢嘴，马上兴冲冲地拨打了广告中的电话。

考试中心的人果然服务上门了。可等看到接待他们的"客户"居然只是个小毛孩儿时，不禁哭笑不得。

但从此，一个大胆的设想开始在小戴尔心中生根发芽，那就是：为什么不尽可能省掉一些看起来天经地义的中间环节，直接一步到位呢？这并不是痴人说梦，因为凭借着这个念头，戴尔在仅仅18岁时就创造了神话般的直销奇迹，并创立了一种划时代的经营模式。

我们欣赏能够做白日梦的人，正是因为他们的白日梦，让很多生活的常态和惯性被打破，于是人们有了改变生活的持续行动，于是我们的生活过得越来越美好。我们自己也必须是一个能做白日梦的人，我们不是要让自己变得神神叨叨，而是有想象的空间。很多时候，我们陷入困境，就是因为我们缺少想象的空间。

其实能做白日梦的人有一种最可贵的品质，那就是不循常规。人类很多伟大的发明都是这一品质的产物。虽然做白日梦的人很多时候不被我们理解，但是这种不循常规的精神确实值得我们学习。

要做大事，就要学会有持续的想象空间，要大胆地去想，哪怕被别人嘲笑为做白日梦，那又有什么关系呢？

11 故步自封，一日不如一日

一个人因循守旧无异于等死。没有创新的力量和行动，我们永远都不会进步，我们永远都固守着我们所谓的梦想。一个人赖活着，只要不是运气太差，怎么样都能活下去。但是如果我们想成就一份事业，我们想真正有所作为，我们就一定不能因循守旧。因为任何事业都有它的存在价值，而任何存在价值都是在不断的变化中。有的人往往习惯于守旧，结果最后把自己守得一日不如一日。

在夏日枯旱的非洲大陆上，一群饥渴的鳄鱼陷身在水源快要断绝的池塘中。较强壮的鳄鱼开始追捕同类来吃。物竞天择、适者生存的一幕幕正在上演。

这时，一只瘦弱勇敢的小鳄鱼却起身离开了快要干涸的水塘，迈向未知的大地。

干旱持续着，池塘中的水愈来愈混浊、稀少，最强壮的鳄鱼已经吃掉了不少同类，剩下的鳄鱼看来是难逃被吞食的命运。这时不见有别的鳄鱼离开。在它们看来，栖身在混水中等待被吃掉的命运，似乎总比离开、走向完全不知水源在何处更安全些。

池塘终于完全干涸了，唯一剩下的大鳄鱼也难耐饥渴而死去，它到死还守着它残暴的王国。

可是，那只勇敢离开的小鳄鱼，在经过长途跋涉，幸运的它竟然没死在半途上，而在干旱的大地上找到了一处水草丰美的绿洲。

很多人都是在看到前面无路可走的时候，才想到要去改变。为什么我们不能还在有路的时候就改变呢？这样我们永远都不会走到无路可走的地步。事实上，当一个人真的走到无路可走的地步的时候，他已经丧失了改变的勇气和智慧。

我们永远都不要到那种境地，我们要通过自己的努力不断地改变自己，不断地让自己更加适应环境的变化。要确保自己前面永远有路，我们就必须确定自己始终走在前列，因为整个社会都实行末位淘汰，那些穷途末路的人往往是被淘汰掉的。

要适应变化，就要学会改变，不要到穷途末路的时候才想到绝地反击，我们要有不断改变自己、促使自己不断适应的勇气和行动。

12 永远要比别人早一点

　　现代的事业，速度比规模要重要得多。我们的事业面临着很多不可控的因素，会出现很多的新情况，为此我们一定要懂得及时转型。我们要有及时转型、领先半步的态度和行动，只有这样，我们的事业才能永远保持创新和活力。有的人往往不懂得转型，也不懂得领先，他们认为自己只要做好自己的事情就可以了。事实上，凡事都是在变化中的。

　　卡尔罗·德贝内德蒂是意大利企业家。在他领导奥利维蒂公司时，微型电脑刚刚流行。为了赶上这一新潮流，他成立了一个研究实验室，投入大量人力财力，加紧研制家庭和办公型微型电脑。当研制快要成功时，美国IBM公司兼容式微型机抢先一步上市了，并迅速在世界范围内畅销。

　　在高科技领域，失去先机便意味着失去市场。这对德贝内德蒂无疑是一个致命的打击。

　　继续推出公司的新电脑已失去意义，要放弃即将完成的成果却是痛苦的。因为这意味着此前付出的巨大研制费都付之东流。要说服那些为此耗尽心血的研究人员也非常困难。

　　德贝内德蒂左右为难，但最后还是下了决断：放弃即将完成的研究。同时重新组织力量，在IBM电脑的基础上，研制一种性能相似价格却便宜得多的兼容机，并获得成功。

　　当这款新产品研制成功并推向市场后，大受消费者欢迎。奥利维蒂公司也由此成为一家国际化的知名企业，德贝内德蒂本人还多次被美国的《时代》等刊物评为封面人物。

在现代竞争中，我们一定要有速度。也许我们今天事业的规模很小，但正是因为小，所以我们更需要速度。只有很快的速度，才能促使我们超越。通过速度去抗击竞争对手的规模，最终赢得规模。即使有一天，我们的规模很大，我们也需要速度，因为没有速度，我们的行动就会变得迟缓，最终我们会失去竞争力。

我们要领先，但是不要领先太多，领先太多容易让我们付出太大的成本，而且得不偿失。我们只要比竞争对手永远保持领先半步，我们就能够赢得竞争，而且代价不大。

要成功就要注重速度，面对复杂多变的环境，我们要及时进行转型，同时我们要做到领先半步，永远保持在前列。

第五章

敢于借势，
一切困难都是"纸老虎"

一个人生于世上，不是每一件事都是你想做就能做成的，有时你越想做成反而越做不成。原因之一是你还没有足以控制它的能力，还没摸清它的特点。

聪明人能够在"借"字上下工夫，积极主动地去寻找"跳板"力图凭此跃起，达到自己想要的高度。古往今来，一个善于借势的人，总能付出最小而回报最大。

01 借势发挥，善借者方善得

善借才能善得。借什么？自然是借势发挥，成全己事。借势发挥为聪明人的谋胜之术。如果一个人细心观察身边的事物，并能够把握彼此之间进退的尺度，在必要的时候借势发挥，平衡一下各个方面的力量，自然会更利于事情的进展。

唐代身为宰相的房玄龄在监修国史的时候就通过观察李世民的种种变化并随之借势发挥，使得各部分的资源，都有利于修史这一大事。

正因为房玄龄的处心积虑，善为借势，才使得朝堂之上多清明干练之人，朝堂之中政事的顺畅执行，房玄龄是功不可灭的，这也是后世称其为贤相的原因所在。房玄龄的另一功劳，就是在他监修国史期间，尽量直书其事，给后世子孙留下了一份几乎完整的历史资料。难怪历代史书上说，房玄龄为人处世，外甚平静，内则用心，及是用借势之道而成事。

善借者总是有本事完美地利用条件，创造条件。对于这些人来讲，任何事情都可巧借他人之力，缓己燃眉之急。这是他们成功的关键因素。

一个"借"字，奥妙无穷，但它仅属于智者，而不属于愚者。智愚之别往往就体现在人生的几个关键点上，"借"就为其一。有句俗话说得好"七分努力，三分机运"。虽然我们一直相信"爱拼才会赢",但偏偏有些人是拼了也不见得赢,关键就在于缺少贵人相助。在攀登事业高峰中,贵人相助往往是不可缺少的一环,有了贵人,不仅仅能替你加分,还能加大你成功的筹码。如同你在工作中一直不是很顺利,表现不佳,心灰意冷之余,你开始想打退堂鼓。这时你的一位上司却设法帮助你跨过了门槛,使你的斗志重燃。

除非你的运气特背,否则,在你的一生中,总会碰到几个贵人。"贵人"可能是指某位身居高位的人,也可能是指令你心仪已久或欲模仿的对象,他无论在各方面都比你略胜一筹。因此,他们也许是师傅,也许是教练,也许是引荐人。

有一份调查表明,凡是做到中、高级以上的主管,有90%都受过栽培,至于做到总经理的,有80%遇过贵人,自当老板创业的,竟然100%全部都曾被人提拔过。可见有贵人相助,的确对事业有益。其实不论在何种行业,"老马带路"向来是传统,特别是在运动界、演艺界和政治界,其目的不外乎是想栽培后进,储备人才。

其实除了真正是基于爱才、惜才之外,一般而言,贵人出手,多少都带有一些"私心",目的在于培养班底,巩固势力。但也有一旦接班人羽翼丰盈之后,立刻另筑它巢,导致与师傅失和、反目成仇,这类故事自古至今屡见不鲜。

不过想要遇到好的"伯乐",要看你究竟是不是真正的"千里马"。毕竟,路遥知马力,日久见人心。想要拥有良好的"伯乐与千里马"关系,最好是自身拥有相当的才能,这样才可能使双方各取所需、各得其利。这绝不是鼓励唯利是图,而是强调彼此以诚相待的态度,既然你有恩于我,他日我必投桃报李。

想要寻找"贵人"善借其力以下是必须谨记的:

1.选一个你真正景仰的人,而不是你嫉妒的人。绝不要因为别人的权势,而犹豫不决,另搭顺风车。

2. 摸清贵人提拔你的动机。有些人专门喜欢找弟子为他做牛做马，用来彰显自己的身份。万一出了事，这些徒弟不仅捞不着好处，还可能成为替罪羔羊。

3. 要知恩图报，饮水思源。有些人在受人提拔，功成名就之后，就想遮掩过去的踪迹，口口声声说"一切都是靠自己"，一脚踢开照顾过他的人。如果你不想被别人指着鼻子大骂"忘恩负义"，可千万别做这种傻事。

02 用我的真情换来你的真心

为拉拢人才，有时也不妨打打"感情牌"，甚至放低姿态，委曲求全。这时就算你位高权重，也应摆出一副谦恭诚恳的样子。装一回糊涂，降低点身份，无失大节，却能挽回大局，何乐而不为呢？

玄烨即位后，曾颁诏天下，令地方官员举荐有才学的明朝知识分子遗老遗少，让其当官，为的是广纳贤才。但是，实际上此举却收效甚微。

这时候，陕西总督推荐了关中著名的学者李颙，可是，这个李颙以有病为理由，坚决不肯入京做官。对于他康熙帝可算表现出了极大的关注和恭敬，派大吏们不断地看望他，等他病好了催促入京。大吏们天天来催促，可是李颙卧在床上，十分顽固。这些官员怕因此自己的乌纱帽不保，就让人把李颙从家里一直抬到西安，督抚大人亲自到床前劝他答应进京。可是他却死活不肯答应这件美差，并曾以死相逼。

后来，康熙帝西巡到西安，曾让督抚大人转达了自己想要亲自前去拜访李颙的想法。可是，他却仍以有病无法接驾婉拒。康熙帝没因此而大发雷霆，反而依旧和颜悦色地表示没有关系，并真的去李颙的邻境，放风说要亲自到李颙家探望病情。其实，李颙早已臣伏于清朝了，只是被虚名所累，而且以前自己的姿态做得太高，一时没办法下来。不过李颙让自己的儿子带上自己写的几本书去见康熙帝，将儿子和老子分得清清楚楚，既保住自己的脸面，又得到实惠。

康熙帝召见李颙的儿子之后，得知李颙确实有病，也就没有勉强，于是对李颙的儿子说："你的父亲读书守志可谓完节，朕有亲题'志操高洁'匾额并手书诗帖以表彰你父亲的志节。"并告诫地方官，让其对李颙关照有加。

其实，作为一个功盖千秋的大帝，康熙帝也未必就那么看重一个老学究的才华。举国上下，什么人才没有，不见得李颙就那么无人可及。他是想通过对李颙的千般好，而让天下的汉族知识分子看一看，自己对他们是这样一个谦和的态度。康熙帝如此做法说到底就是笼络人心。事实证明，这种做法确实对汉族知识分子具有莫大的吸引力，他们崇尚择明君而事，康熙帝的作为恰恰是明君所为。康熙帝就这样树立了礼贤下士的形象，收拢了大批知识分子的忠心。

就如同当年冯谖烧地契为孟尝君买下仁义一样。谋权为其掌权，掌权希望固权。固权须恩威并施，须韬光养晦，须左右逢源，须天地人和。

03 山外青山楼外楼，强中自有强中手

一个人有无智慧，往往体现在做事的方法上。山外有山，人外有人。自然，借用别人的智慧，助己成功，是必不可少的成事之道。

不嫉妒别人的长处，善于发现别人的长处，并能够为之利用，能够诱导别人为自己做事，与合作人之间建立良好的信誉，是成大事的基本法则。

如果你觉得有必要培养某种自己欠缺的才能，不妨主动去找具备这种特长的人，请他参与相关团体。三国中的刘备，文才不如诸葛亮，武功不如关羽、张飞、赵云，但他有一种别人不及的优点，那就是一种巨大的协调能力，他能够吸引这些优秀的人才为他所用。这就等于找到了成功的支点。聪明的人善于从别人身上汲取智慧的营养补充自己，从别人那里借用智慧，比从别人那里获得金钱更为划算。读过《圣经》的人都知道，摩西要算是世界上最早的教导者之一了。他懂得一个道理：一个人只要得到其他人的帮助，就可以做成更多的事情。而这一点早就在摩西带领大家渡河时体现出来了。

用心去倾听每个人对你的构想计划的看法，是一种美德，它是一种虚怀若谷的表现，他们的意见，你不见得都赞同，但有些看法和心得，一定是你不曾想过、考虑过的。广纳意见，将有助于你迈向成功之路。如果你万一碰上向你浇冷水的人，就算你不打算与他们再有牵扯，还是不妨想想他们不赞同你的原因是否很有道理？他们是否看见了你看不见的盲点？他们的

理由和观点是否与你相左？他们是不是又以偏见审视你的构想？再问他们深入一点的问题，请他们解释反对你的原因，请他们给你一点建议，并中肯地接受。

最让人摒弃的一种人就是那种无论对谁的梦想都会大肆批评，认为天下所有人的智商都不及他们。其实他们根本不了解你想做什么，只是一味认为你的构想一文不值，注定失败，连试都不用试。这种人为了夸大自己的能力，不惜把别人打入地狱。要是碰上这种人，别再浪费你宝贵的时间和精力苦苦向他们解释你的理想一定办得到。他们不值你去解释，还是去寻找能够与你一同分享梦想的人吧。

04 君子性非异也，善假于物也

关于成事之借，有许多经典说法。荀子曾说："假于马者，非利足也，而致千里。假舟楫者，非能水也，而绝江河。"荀子有"君子性非异也，善假于物也"的东方智慧，牛顿有"踩在巨人肩上"的西方智慧。著名的牛顿定理就是这种智慧的完美体现。

古之借风腾云，借尸还魂，借腹怀胎，借名钓利，借力打力，借鸡生蛋，无不是讲究一个借字，讲究借助外部力量而求得发展。帆船出海，风筝上天，无不是"好风凭借力，送我上青云"。而人的成功，也需要借力。

在成功学中，"借"的意义何在？一个成功人士，肯定有着良好的人际关系，一个成功人士背后，肯定有着发达的关系网。在关系网中，"借"就是核心。关系网又是人际关系的重要部分。把握了"借力"这一核心，就把握了关系网的精髓，就有可能通过借力，完成从没钱、没背景、没经验向成功的转化。大部分成功者都有一种特长，就是善于观察别人，并能够吸引一批才识过人的良朋好友来合作，激发共同的力量。这是成功者最重要的、也是最宝贵的借人经验。

特别是在中国，有句俗话说得好，"朋友多了路好走"，其实这里的朋友就是我们所说的关系。现在的年轻人，流行的"驴友"就是利用网状的关系形势将自己想要去旅游的地方当做网的另一头，通过各种途径在那里结识新朋友，彼此相约地交换旅行。使自己无论在人力、物力、精力和时间上都得到解放，真真正正地享受旅游给他们带来的乐趣。

的确个人大部分的成就总是承蒙他人之赐：他人常在无形之中将希望、鼓励、辅助投入我们的生命中，从而激活了精神世界，常使我们的能力倍增。所以，一个人力量有多大，不在于他能举起多重的石头，而在于他能获得多少人的帮助。一幅名画中最伟大的东西，不在于画布上的色彩、影子或格式上，而是在这一切背后的画家的人格中，那黏着在他的生命中，那为他所传袭、所经验的一切的总和所构成的一种伟大的力量？任何人一跨入社会都应该学会待人接物、结交朋友的方法，以便互相提携、互相促进、互相尊重。否则，单枪匹马绝对难以发展到成功的地步。

05 慧眼识人，天才大部分都是偏才

任何人如果想成为一个企业的领袖，或者在某项事业上获得巨大的成功，首要的条件是要有一种鉴别人才的眼光，能够识别出他人的优点，并在自己的事业道路上利用他们的这些

优点。

"钢铁大王"卡内基曾经亲自预先写好他自己的墓志铭："长眠于此地的人懂得在他的事业过程中起用比他自己更优秀的人。"而一位商界著名人物、也是银行界的领袖曾说，他的成功得益于鉴别人才的眼力。这种眼力使得他能把每一个职员都安排到恰当的位置上，并且从来没有出过差错。不仅如此，他还努力使员工们知道他们所担任的职务对于整个事业的重大意义，这样一来，这些员工无需他人的监督，就能把事情办得有条有理、十分妥当。

但是，鉴别人才的眼力并非人人都有。许多经营大事业失败的人都是因为他们缺乏识人才的眼力，他们常常把工作分派给不恰当的人去做。尽管他们本身工作非常努力，但他们常常对能力平庸的人委以重任，却反而冷落了那些有真才实学的人，使他们埋没在角落里。世上成千上万的经商失败者，都坏在他们把许多不适宜的工作加在雇员的肩上去，再也不去管他们是否能够胜任，是否感到愉快。

其实，他们一点都不明白，一个所谓的干才，并不是能把每件事情都干得很好、样样精通的人，而是能在某一方面做得特别出色的人。比如说，对于一个会写文章的人，他们便认为是一个干才，认为他管理起人来也一定不差。但其实，一个人能否做一个合格的管理人员，与他是否会写文章是毫无关系的。他必须在分配资源、制订计划、安排工作、组织控制等方面有专门的技能，但这些技能并不是一个善写文章的人就一定具备的。

一个善于用人、善于安排工作的人就会在管理上少出许多麻烦。他对于每个雇员的特长都了解得很清楚，也尽力做到把他们安排在最恰当的位置上。而不善于管理的人却往往忽视这一重要方面，总是考虑管理上一些鸡毛蒜皮的小事，这样的人当然要失败。

很多精明能干的总经理、大主管在办公室的时间很少，常常在外旅行或出去打球。但他们公司的营业丝毫未受不利的影响，公司的业务仍然像时钟的发条机一样有条不紊地进行着。那么，他们如何能做到这样省心呢？他们有什么管理秘诀呢？——没有别的秘诀，只有一条：他们善于把恰当的工作分配给最恰当的人。

如果你所挑选的人才与你的才能相当，那么你就好像用了两个人一样。如果你所挑选的人才，尽管职位在你之下，但才能却要超过你，那么你用人的水平真可算得上高人一等。很多朋友应该都见过俄罗斯套娃吧，美国马瑟公司总裁奥格尔维先生在一次董事会时，在每位与会者的桌上都放了一个玩具娃娃（这些玩具是他从俄罗斯带回去的）。"大家都打开看看吧，那就是你们自己！"奥格尔维说。董事们很吃惊，疑惑地打开了眼前的玩具包装，展现在眼前的是一个更小的同类型玩具。接下来还是如此。当他们打开最后一层时，发现了玩具娃娃身上有一张纸条，那是奥格尔维留给他们的：你要是永远都只任用比自己水平差的人，那么我们的公司就会沦为侏儒；你要是敢于起用比自己水平高的人，我们就会成长为巨人公司！所以人力资源管理中有个著名的奥格尔维定律：善用比我们自己更优秀的人。

其实这不是什么特别稀罕的事情，有许多雇员的办事能力往往要在雇主之上，这些人只要机会一到，就可以立即自创事业。有很多本可以大建功业的人都是因为没有把握好机会，以致一生默默无闻。不少青年人刚开始工作就显示出惊人的才干和做事的能力，但后来因为有了家庭、拖儿带女，便不敢拿出全部的勇气，去像他们的老板那样搏击一番，打出一片新的天空——虽然他们也常常想：如果自己独立奋斗，成就决不会在自己的老板之下。

　　这种推测是合乎情理的，因为有许多人之所以有惊人的发展，成就伟大的事业，往往是在他们受了重大的压迫之下。当美国的政治发生重大变故国内大乱，人民居无定所的时候，便会有林肯、格兰特等这种受命于危难之际的人挺身而出，担起了国家的重任。

　　所以，只有摆好自己事业路途之中的每一颗棋子，并将它们好好利用，放在自己应有的位置上，用自己的勇气与魄力向自己的目标努力奋斗才能在人生这盘棋局上走向最后的胜利。

06 "借"是一张牌，看你会不会用

　　借有几种方式：或明借或暗借，或正借或反借。但不管怎样都是为了打出一张"借"的狠牌，以便确保自己心想事成。

　　其实，借势成事的成功者古今中外都有。东汉的诸葛孔明，一场巧借东风就将曹操的几十万大军杀得片甲不留，就如同一个人后院起火，正好有风从背后吹来，那么结果自然可想而知。

　　而在千百年后的美国总统里根也在 1980 年的大选中有过异曲同工的经典胜利。

　　1980 年，美国总统大选在共和党候选人里根与民主党候选人卡特两人之间展开，由于两人实力相当，所以这场竞争可谓是美国竞选史上最激烈的争夺战。当时的卡特是已经当政 4 年的在职总统，但政绩并不突出，而且内政方面不能令人满意，国内通货膨胀加剧，失业人数猛增。人们对这些有关国计民生的问题十分不满，怨声载道。而这些正好成了里根手中的王牌，他集中火力攻击卡特经济政策失误，并耸人听闻地宣称他要消除"卡特大萧条"。而这时的卡特也抓住广大民众关心的战争与和平问题，指责里根增加防务开支的主张是好战之举。

里根与卡特就是这样唇枪舌剑，拳来脚往，双方一时难决雌雄。

早在20世纪80年代的美国，广播、电视、报纸等大众传播媒介对人们的影响极为广泛。一个人的形象，在美国民众的心中往往占有重要位置，有时甚至直接决定了选民投谁一票。所以，总统选举，与其说是选民在选择候选人的政策纲领，不如说是在品味候选人的性格、智慧、精力、风度。而就在里根参选总统候选人之后，他当年在好莱坞演过的电影，一下子成了热门，全国各地影剧院、电视台争相放映。这股里根影视热风，无疑替里根做了一次绝好的宣传。人们从影视中看到，当年的里根英俊潇洒、精明强干，而现在仍然生机勃勃、干劲十足，风度不减当年。这给人们留下了一个很好的印象。

除了影视风兴起的同时，里根还借电视媒体极力展示自己的风采。在与卡特的电视辩论中，里根表现得能言善辩、妙语连珠，而卡特则相形见绌，呆板迟钝，结结巴巴。因此在投票之前关键性的一场电视辩论后，民意测验的结果，支持里根的人上升到67%，支持卡特的人下降为30%。当然，在1980年11月4日大选结果公布时，里根以绝对优势大获全胜。

正如我们看到的那样，卡特本身就因失业人数猛增等原因，引起后院起火。又正赶上与里根争夺总统，好莱坞电影之火终于把他烧得遍体鳞伤，"无颜见人"，从而退出了政治舞台。

可见，"借"是一张狠牌，就看你会不会打。

07 只有站在巨人的肩膀上才能看得更远

孙子曾说："故善战者，求之于势，不责于人，故能择人而任势。任势者，其战人也，如转木石。故善战人之势，如转圆石于千仞之山者，势也。"成功是化繁为简提高效率的学问，一个人要想在有限的时间里成功，必须学会抢占制高点，借助各种有利条件迅速实现自己的目标。正像科学家牛顿所言：只有站在巨人的肩上你才能看得更远。

而这种成功的方法，我们不妨将其看作是一种造势的行为。其实"造势"这个词听起来虽新，但历史却久远得很。古时有个卖马人在马市上蹲了 3 天也未把马卖出去，他找到了伯乐，请求伯乐给予帮助。伯乐一看他的马，真的是匹千里马，就答应下来。第二天，当马市上交易正繁忙的时候，伯乐出现在千里马旁边，他左瞅右瞧，观察良久，后做依依不舍状离开。伯乐前脚刚走，很多买主就围过来，千里马很快出手，并且卖了一个好价钱。

不过，比较起来，今人"造势"的水平和效率要更高得多。20 世纪 80 年代，德州仪器公开对市场宣布了其 RAM（随机存取存储器）芯片的价格；1 周后，其竞争对手 Bowmar 公司提供了一个更低一些的价格；而 3 周之后，摩托罗拉又提供了一个更为低廉的价格。德州仪器为什么要这样做？后来，大家明白了其中的原因。就在摩托罗拉提出新价格 2 周后，德州仪器召开新闻发布会，宣布了一个新的价格，该价格仅为摩托罗拉提供的价格的 1/2。摩托罗拉和 Bowmar 立刻得到这样的消息：德州仪器将会以超低价出售 RAM 芯片。为了证明这一消息的真实性，德州仪器将它的芯片价格定为竞争对手中最低价格的 1/2，并且通过媒体宣传，使这一许诺在竞争对手的脑海中得到巩固。但是，这个战略是一把双刃剑，任何退缩都意味着全盘失败——德州仪器决定破釜沉舟，不给自己留后路。

还有著名作家马尔克斯，在其因《百年孤独》成名之前，已经写出了他最好的小说《格兰德大妈的葬礼》，但他的名气只限于文学小圈子，比起写作年龄比他短、年纪也比他轻的略萨和富恩特斯，名气小多了。可是他结交了一批朋友后，这群朋友教他并帮他"造势"，那情况就不同了。在他还未动笔写《百年孤独》之前，已向出版界大力吹风，说有一部惊人之作将要出现，刚写了几章，就同时在各报发表小说的片断。当小说快要出版时，各大报刊登他的整版访问记，朋友们组织的评论文章连篇累牍。所以，小说后来惊人地畅销，并成为世界名著，也就水到渠成，顺理成章了。

08 冲动是魔鬼，需从长计议

往往很多时候，我们情绪低沉，意兴阑珊，却并没有由此而推迟去做重要决策。多年以后，当我们返回头时，方知这些决策给我们造成多大的伤害。

从前，一位美丽的姑娘与一位才华出众的意中人共坠爱河，家里人却极为反对，认为门不当户不对，小伙子家太穷了。而姑娘不顾家人反对极力坚持，不料此时意中人却意外地离去。姑娘遭受重大打击后，万念俱灰，便随意地听从父母的安排，嫁给一位自己并不爱的阔少爷。岁月流逝，姑娘才真正发现：原来她只是从一种伤痛中走入另一种更深的痛苦。

这是痛苦消沉时的决策，此外还有赌气时的冲动决策、得意忘形时的盲目决策、悲观失望时的无奈决策以及被挑衅激怒后的报复决策。

我们做事情时要和多种因素进行协调，也包括自己的情绪。

每临大事有静气，是能够做成大事者的基本素质之一，越是重大的决策，越是要心平气和，头脑冷静，周密地分析各种信息，判断各方局势，做出认真负责、科学的决策。

当一个人情绪波动比较大或压力比较大时，仍然能做到冷静理智是一件很困难的事，这时候也是最危险的时候，因为我们可能丧失了清晰的分析判断能力，最容易做出糟糕透顶的决策。而且，这种时候，人心底还会有一种尽快摆脱这种境地的渴望：我不想在这儿待下去了，随便哪条路，只要能走开就行？或者是我气得受不了，先把气出了再说。

在各种情绪冲动下，我们极易干出后悔终生的傻事来。所以，在情绪不好的时候，首先想到的是平静，控制住自己的情绪，而不是匆忙决策。

当下次我们再被情绪所左右而又不得不做出决定的时候，不妨先深呼吸，在心中默默数上 10 个数，然后再自己考虑一遍刚刚的事情，也许很多冲动的惩罚就能由此避免。

09 赢得一时，输掉一世

"小不忍则乱大谋"，想要真正获得成功就要懂得进退分寸，能屈能伸者方是大丈夫作为。

记得康熙帝当年 8 岁登基，对于复杂的朝政来说，他只能算是个乳臭未干的小孩子。他的父亲顺治帝临死前，命 4 个满族大臣辅佐他处理国家大事。鳌拜就是其中之一，他虽位居四大臣之末，但掌握着兵权，不断扩大自己的势力，而且性情特别凶残霸道，他有权有势，如日中天，年幼的皇帝简直成了他的附属品。

即使是在康熙帝 14 岁亲自执政后，鳌拜还是那样专横地把持着朝政，根本不把皇帝放在眼里。使得不但小皇帝对他十分痛恨，就连同众大臣也是敢怒却不敢言。康熙帝想除掉鳌拜，但慑于他的权势，只好先装模作样。他用一切时间学习政治，用一切机会实践政治。同时，他还要做出依然不懂事的样子，傻玩傻闹，绝不让鳌拜看出他的真实想法。

有一次，鳌拜和另一位辅政大臣苏克萨哈发生争执，他就诬告苏克萨哈心有异志，应该处死。这时，好歹康熙帝名义上是已经亲政的皇帝，鳌拜先要向他请示。康熙帝明知道这是鳌拜诬告，就没有批准。这下可不得了，鳌拜在朝堂上大吵大嚷，卷着袖子，挥舞拳头，闹得天翻地覆，一点臣下的礼节都不讲了，最后，还是擅自把苏克萨哈和他的家属杀了。

从此以后，康熙帝更是下决心要整顿朝政。为了擒拿鳌拜，他想出一条计策。

康熙帝在少年侍卫中挑了一群体壮力大的，留在宫内，叫他们天天练习扑击、摔跤等拳脚功夫。空闲时，他常常亲自督促他们练功、比武，而且，消息一点都没有走露出去。

有一天鳌拜进宫奏事，康熙帝正在观看少年侍卫练武，只见少年侍卫正在捉对儿演习，一个个生龙活虎，皇帝还在场外指指点点。康熙帝看见鳌拜来了，大吃一惊，心想坏了，如果被鳌拜看出破绽，那别说皇位坐不安稳，就连命也要赔进去了。他灵机一动，故意站起身走进场去，笑着夸奖这个勇敢，奚落那个功夫不到家。说："来，你和我打一架，看看我的功夫。"完全一派贪玩的少年形象。鳌拜一看皇帝如此胡闹，心中暗笑，看来这大清的江山，永远是我鳌拜的了。鳌拜走近康熙帝，刚要奏事，康熙帝却摆摆手说："今天玩个痛快，有事先不要说，等我……"鳌拜连忙说："皇上，外庭有要事奏告。皇上下次再玩吧。"康熙帝这才恋恋不舍地和鳌拜进殿去了。

过了一段时间，少年侍卫们的武艺练习得有了长进，鳌拜的疑心也全消除了，这时，康熙帝决定动手除奸。这天，他借着一件紧急公事，召鳌拜单独进宫。鳌拜哪里有什么防备，骑着马就大摇大摆地进宫来了。

康熙帝早已站在殿前，一见鳌拜走来，便威武地喝道："把鳌拜拿下。"只听得一阵脚步响，两边拥出一大群少年侍卫，一齐扑向鳌拜。鳌拜不一会儿就被众少年掀翻在地，捆缚起来，关进大牢。

康熙帝用隐忍之法，除掉了这个朝廷祸害，显示了康熙帝少年有为、有勇有谋的皇帝风范。

其实人生的漫漫长路，风云变幻，难免危机四伏，为保全自己，打击对手之前，当忍则忍。不要为了逞一时之勇，图一时之快，不考虑后果，甚至忘记自己是谁。留得青山在，才有东山再起的资本。

10 要学着看清形势，伺机而动

当你处于弱势时，要忍住急于求成的心理状态，不要过于暴露自己，而要凭借着良好的外界形势，壮大自己的力量。当然，在保持和发展自己的强势的同时，还要学会装糊涂，尽量掩饰自己表面的强壮，隐忍以行，以退为进。

唐代武则天专权时，为了给自己当皇帝扫清道路，先后重用了武三思、武承嗣、来俊臣、周兴等一批酷吏。

一次，酷吏来俊臣诬陷平章事狄仁杰等人有谋反的行为。来俊臣出其不意地先将狄仁杰逮捕入狱，然后上书武则天，建议武则天降旨诱供，说什么如果罪犯承认谋反，可以减刑免死。狄仁杰突然遭到监禁，既来不及与家里人通气，也没有机会面奏武后说明事实，心中不由焦急万分。审讯的日期到了，来俊臣在大堂上宣读完武后诱供的诏书，就见狄仁杰已伏地告饶。他趴在地上一个劲地磕头，嘴里还不停地说："罪臣该死，罪臣该死，大周革命使得万物更新，我仍坚持做唐室的旧臣，理应受诛杀。"狄仁杰不打自招的这一手，反倒使来俊臣弄不懂他到底唱的是哪一出戏。既然狄仁杰已经招供，来俊臣将计就计，判了他个"谋反属实"，免去死罪，听候发落。

来俊臣退堂后，坐在一旁的判官王德寿悄悄地对狄仁杰说："你也可再诬告几个人，如把平章事杨执柔等几个人牵扯进来，就可以减轻自己的罪行了。"狄仁杰听后，感叹地说："皇天在上，后土在下，我既没有干这样的事，更与别人无关，怎能再加害他人？"说完一头向大堂中央的顶柱撞去，顿时血流满面。王德寿见状，吓得急忙上前将狄仁杰扶起，送到旁边的厢房里休息，又赶紧处理柱子上和地上的血渍。狄仁杰见王德寿出去了，急忙从袖中抽出手绢，蘸着身上的血，将自己的冤屈都写在上面，写好后，又将棉衣里子撕开，把状子藏了进去。一会儿，王德寿进来了，见狄仁杰一切正常，这才放下心来。

狄仁杰对王德寿说："天气这么热了，烦请您将我的这件棉衣带出去，交给我家里人，让他们将棉絮拆了洗洗，再给我送来。"王德寿答应了他的要求。狄仁杰的儿子接到棉衣，听说父亲要他将棉絮拆了，就想：这里面一定有文章。他送走王德寿后，急忙将棉衣拆开，看了血书，才知道父亲遭人诬陷。他几经周折，托人将状子递到武则天那里，武则天看后，弄不清到底是怎么回事，就派人把来俊臣招来询问。来俊臣做贼心虚，一听说太后要召见他，知道事情不好，急忙找人伪造了一张狄仁杰的"谢死表"奏上，并编造了一大堆谎话，将武则天应付过去。

又过了一段时间，曾被来俊臣妄杀的平章事乐思晦的儿子也出来替父申冤，并得到武则天的召见。他在回答武则天的询问后说："现在我父亲已死了，人死不能复生，但可惜的是太后的法律却被来俊臣等人给玩弄了。如果太后不相信我说的话，可以吩咐一个忠厚清廉，你平时信赖的朝臣假造一篇某人谋反的状子，交给来俊臣处理，我敢担保，在他酷虐的刑讯下，那人没有不承认的。"武则天听了这话，稍稍有些醒悟，不由想起狄仁杰一案，忙把狄仁杰招来，不解地问道："你既然有冤，为何又承认谋反呢？"狄仁杰回答说："我若不承认，可能早就死于严刑酷法了。"武则天又问："那你为什么又写'谢死表'上奏呢？"狄仁杰断然否认说："根本没这事，请太后明察。"武则天拿出"谢死表"核对了狄仁杰的笔迹，发觉完全不同，才知道是来俊臣从中做了手脚，于是下令将狄仁杰释放。

狄仁杰忍耐住刚强直率的性格与对手周旋，终于使自己得到昭雪。

在人生复杂的竞技场中，若遭受一些不公待遇，也不妨先忍一忍，这是斗争中的良策，相反以硬碰硬，不是大声疾呼，就是恼羞成怒，会让自己吃大亏的。

11 马虎一点，全盘皆输

人们都喜欢用"马虎"来形容某人办事草率或粗心大意，殊不知在这个俗语的背后，原来有一个血泪斑斑的故事。

宋代时京城有一个画家，作画往往随心所欲，令人搞不清他画的究竟是什么。一次，他刚画好一个虎头，碰上有人来请他画马，他就随手在虎头后画上马的身子。来人问他画的是马还是虎，他答："马马虎虎！"来人不要，他便将画挂在厅堂。大儿子见了问他画里是什么，他说是虎，次儿子问他却说是马。不久，大儿子外出打猎时，把人家的马当老虎射死了，画家不得不给马主赔钱。他的小儿子外出碰上老虎，却以为是马想去骑，结果被老虎活活咬死了。画家悲痛万分，把画烧了，还写了一首诗自责："马虎图，马虎图，似马又似虎，长子依图射死马，次子依图喂了虎。草堂焚毁马虎图，奉劝诸君莫学吾。"

诗虽然算不上好诗，但这教训实在太深刻了。从此，"马虎"这个词就流传开了。

而我们也从小学上学开始就不停地听到老师指出这个同学马虎，那个同学马虎，一直到工作了，还是会有上级不停地教训这个马虎，那个不认真。其实，马虎就是人们的麻痹大意，忽视了该注意的东西，或者犯了可以避免的低级错误。比如说把什么重要的东西弄丢了，不小心把商业机密泄漏给了别人，写文件时该写的东西没写进去等等。有些马虎没什么影响，可有些会关系重大。

马虎的坏处大家都应该是非常清楚的。人们最容易马虎的就在于细节，那么如何使自己摆脱掉这些坏习惯呢？

首先关键在于你的决心，培养自己一丝不苟的做事态度。可以在记事本上写上自己的做事态度时常翻看激励自己。或者，做成小便签贴在自己随处可见的地方，以示提醒。

其次，凡事三思而后行。做每件事情的时候，要仔细想想要注意的方面，写下来，以防自己日后忘掉。

最后，就是我们真的若是出现马虎的情况以后，在改正问题之后还要自己给自己一个惩罚，这种惩罚会加强自己以后不做这事的印象。

12 沉得住气，欲速则不达

年轻人做事的大忌就是浮躁。俗话说："欲速则不达。"做人做事还需忍耐，步步为营。浮躁有几种表现：第一，事情做到一半了，就觉得要大功告成了，开始飘飘然起来。第二，做事毛毛糙糙，巴不得立马干好，只讲速度，不讲质量。第三，处于一种烦躁状态：觉得事事都没什么可做的，没什么意义，做不出个什么名堂出来，没劲。

浮躁是一种通病，一般是由于出道的新手做事情还浮于表面，没有深入认识到事情的复杂性，或做事的意义。他们没有从事情的细节上去了解它，没有看到隐藏在事情背后的困难，或其所涉及的其他因素。他们的兴趣没有被提升起来，他们的挑战自己和别人的欲望也被压抑着。

古代有个叫养由基的人精于射箭，且有百步穿杨的本领。据说连动物都知晓他的本领。一次，两个猴子抱着柱子，爬上爬下，玩得很开心。楚王张弓搭箭要去射它们，猴子毫不慌张，还对人做鬼脸，仍旧蹦跳自如。这时，养由基走过来，接过了楚王的弓箭，于是，猴子便哭叫着抱在一块，害怕得发起抖来。

有一个人很仰慕养由基的射术，决心要拜养由基为师，经几次三番的请求，养由基终于同意了。收为徒后，养由基交给他一根很细的针，要他放在离眼睛几尺远的地方，整天盯着看针眼，看了两三天，这个学生有点疑惑，问老师说："我是来学射箭的，老师为什么要我干这莫名其妙的事，什么时候教我学射术呀？"养由基说："这就是在学射术，你继续看吧。"这个学生开始还好，能继续下去，可过了几天，他便有些烦了。他心想，我是来学射术的，看针眼能看出什么来呢？这个老师不会是敷衍我吧？

后来养由基又教他练臂力的办法，让他一天到晚在掌上平端一块石头，伸直手臂。这样做很苦，那个徒弟又想不通了，他想，我只学他的射术，他让我端这石头做什么？于是很不服气，不愿再练。养由基看他不行，就由他去了。后来这个人又跟别的老师学艺，最终没有学到射术，空走了很多地方。

其实，如果他能脚踏实地，不好高骛远，甘于从一点一滴做起，他的射术肯定会有很大的进步。

秦牧在《画蛋·练功》文中讲道："必须打好基础，才能建造房子，这道理很浅显。但好高骛远，贪抄捷径的心理，却常常妨碍人们去认识这最普通的道理。"从处世谋略上讲，"是技皆可成名天下，唯无技之人最苦；片技即足自立天下，唯多会之人最劳。"若什么都只是浅尝辄止，不肯钻研却又想马上取得成效，是不可能的。好高骛远者并非定是庸才，他们中有许多人自身有着不错的条件，若能结合自己的实际，制订切实可行的行为方针，是会有光明的前途的。如果一味追求过高过远的目标，就会成为高远目标的牺牲品。

现在有许多年轻人不满意现实的工作，羡慕那些大款或高级白领人员，不安心本职工作，总是想跳槽。其实，那些人大多看似风光，但其中的艰苦搏杀也非一般人所能承受。没有十分的本领，就不应做此妄想。我们还是应该脚踏实地，做好基础工作，一步一个脚印地走上成功之途。凡是成大事者，都力戒"浮躁"二字。只有踏踏实实的行动才可开创成功的人生局面。急躁会使你失去清醒的头脑，在你奋斗过程中，浮躁占据着你的思维，使你不能正确地制定方针、策略而稳步前进。所以，任何一位试图成大事的人都要扼制住浮躁的心态，只有专心做事，才能达到自己的目标。年轻人更应该每天都让自己成熟一些，做事少一些急躁，多一份踏实，这样浮躁之气自然会少下来的。

第六章 做事思路四要诀——
自动、自发、管理、热忱

当代社会，信息和通信的快速发展需要你的工作更有条理，生产力的提高要求我们在更短时间里处理更多任务。所以，作为一个精明人，适应社会发展的需要，自动自发地提升组织能力、优化效率管理，让生活事业保持上升曲线，成为在现代社会立足的关键。

01 一切行为，都以完成任务为前提

所谓的自发，指的是随时准备把握机会，展现超乎他人要求的工作表现，以及拥有"为了完成任务，必要时不惜打破成规"的智慧和判断力。

老板不在身边却更加卖力工作的人，将会获得更多奖赏。如果只有在别人注意时才有好的表现，那么你永远无法达到成功的顶峰。最严格的表现标准应该是自己设定的，而不是由别人要求的。如果你对自己的期望比老板对你的期许更高，那么你就无需担心会不会失去工作。同样，如果你能达到自己设定的最高标准，那么升迁晋级也将指日可待。

我们经常会发现，那些被认为一夜成名的人，其实在功成名就之前，早已默默无闻地努力了很长一段时间。成功是一种努力的累积，不论何种行业，想攀上顶峰，通常都需要漫长时间的努力和精心的规划。

如果想登上成功之梯的最高阶，你得永远保持主动率先的精神，纵使面对缺乏挑战或毫无乐趣的工作，终能最后获得回报。当你养成这种自动自发的习惯时，你就有可能成为老板和领导者。那些位高权重的人是因为他们以行动证明了自己勇于承担责任，值得信赖。

自动自发地做事，同时为自己的所作所为承担责任，那些成就大业之人和凡事得过且过的人之间最根本的区别在于，成功者懂得为自己的行为负责。没有人能促使你成功，也没有人

能阻挠你达成自己的目标。

和大多数人一样，阿尔伯特·哈伯德在十几岁时和大学期间做过许多工作。修理过自行车（后来被解雇了），挨家挨户卖过词典。有一年，他整整一个夏天都在为一个选美比赛收集那些订出去而未收上来的票，那是一些中年人在甜言蜜语的推销者的劝说下订下的，但是他们根本无意去观看。他还做过数学家庭教师、书店收银员、出纳和夏令营童子军顾问，为了读完大学，他还替别人打扫院子，整理房间和船舱。

这些工作大部分都很简单，他一度认为它们都是下贱而廉价的工作。后来，他知道自己错了。这些工作潜移默化地给予他珍贵的教诲和经验，无论在什么样的工作环境中，也不管哪种工作档次，他都学会了不少东西。

拿在商店的工作来说吧，他自认为自己是一个好雇员，做了自己应该做的事——记录顾客的购物款。然而有一天，当他正在和一个同事闲聊时，经理走了进来，他环顾四周，然后示意阿尔伯特·哈伯德跟着他。他一句话也没有说就开始动手整理那些订出去的商品；然后他走到食品区，开始清理柜台，将购物车清空。

阿尔伯特·哈伯德惊讶地看着这一切，仿佛过了很久才醒悟过来。他希望阿尔伯特·哈伯德和他一起做这些事！阿尔伯特·哈伯德之所以惊诧万分，不是因为这是一项新任务，而是它意味着阿尔伯特·哈伯德要一直这样做下去。可是，从前没有人告诉他要做这些事——其实现在也没有说过。

此事使他受益匪浅。它不仅使他成为一名更优秀的雇员，还让他从每一项工作中学到了更多的教益。

这个教益就是要对自己的工作负责，要更上一层楼，不仅仅做别人安排做的事情。

　　每一个人在每一项工作中都要倾听和相信这一点，你可以使自己的生活好转起来，就从今天开始，就从现在的工作开始，而不必等到遥远的未来的某一天你找到理想的工作再去行动。

　　一个优秀的管理者应该努力培养员工的主动性，培养员工的自尊心。自尊心的高低往往影响工作时的表现。那些工作自尊低的员工，墨守成规，避免犯错，凡事只求忠诚公司规则，老板没让做的事，决不会插手；而工作自尊高的员工，则勇于负责，有独立思考能力，必要时会发挥创意，以完成任务。

02 每天都提高一点点，积少成多

　　全心全意、尽职尽责是不够的，还应该比自己分内的工作多做一点，比别人期待的更多一点，如此可以吸引更多的注意，给自我的提升创造更多的机会。

　　你没有义务要做自己职责范围以外的事，但是你可以选择自愿去做，以驱策自己快速前进。率先主动是一种极珍贵、备受看重的素养，它能使人变得更加敏捷，更加积极。无论你是管理者，还是普通职员，"每天多做一点"的工作态度能使你从竞争中脱颖而出。你的老板和顾客会关注你、信赖你，从而给你更多的机会。

　　每天多做一点工作也许会占用你的时间，但是，你的行为会使你赢得良好的声誉，并增加他人对你的需要。

　　卡洛·道尼斯先生最初为杜兰特工作时，职务很低，现在已成为杜兰特先生的左膀右臂，担任其下属一家公司的总裁。之所以能如此快速升迁，秘密就在于"每天多干一点"。

他平静而简短地道出了个中缘由：

"在为杜兰特先生工作之初，我就注意到，每天下班后，所有的人都回家了，杜兰特先生仍然会留在办公室里继续工作到很晚。因此，我决定下班后也留在办公室里。是的，的确没有人要求我这样做，但我认为自己应该留下来，在需要时为杜兰特先生提供一些帮助。

"工作时杜兰特先生经常找文件、打印材料，最初这些工作都是他自己亲自来做。很快，他就发现我随时在等待他的召唤，并且逐渐养成招呼我的习惯……"

杜兰特先生为什么会养成召唤道尼斯先生的习惯呢？因为道尼斯自动留在办公室，使杜兰特先生随时可以看到他，并且诚心诚意为他服务。这样做获得了报酬吗？没有。但是，他获得了更多的机会，使自己赢得老板的关注，最终获得了提升。

有几十种甚至更多的理由可以解释，你为什么应该养成"每天多做一点"的好习惯——尽管事实上很少有人这样做。其中两个原因是最主要的：

第一，在建立了"每天多做一点"的好习惯之后，与四周那些尚未养成这种习惯的人相比，你已经具有了优势。这种习惯使你无论从事什么行业，都会有更多的人指名道姓地要求你提供服务。

第二，如果你希望将自己的右臂锻炼得更强壮，唯一的途径就是利用它来做最艰苦的工作。相反，如果长期不使用你的右臂，让它养尊处优，其结果就是使它变得更虚弱甚至萎缩。

身处困境而拼搏能够产生巨大的力量，这是人生永恒不变的法则。如果你能比分内的工作多做一点，那么，不仅能彰显自己勤奋的美德，而且能发展一种超凡的技巧与能力，使自己具有更强大的生存力量，从而摆脱困境。

社会在发展，公司在成长，个人的职责范围也随之扩大。不要总是以"这不是我分内的工作"为由来逃避责任。当额外的工作分配到你头上时，不妨视之为一种机遇。

提前上班，别以为没人注意到，老板可是睁大眼睛在瞧着呢？如果能提早一点到公司，就说明你十分重视这份工作。每天提前一点到达，可以对一天的工作做个规划，当别人还在考虑当天该做什么时，你已经走在别人前面了！

如果不是你的工作，而你做了，这就是机会。有人曾经研究为什么当机会来临时我们无法确认，因为机会总是乔装成"问题"的样子。当顾客、同事或者老板交给你某个难题，也许正为你创造了一个珍贵的机会。对于一个优秀的员工而言，公司的组织结构如何，谁该为此问题负责，谁应该具体完成这一任务，都不是最重要的，在他心目中唯一的想法就是如何将问题解决。

每天多做一点，初衷也许并非为了获得报酬，但往往获得的更多。

另一位成功人士向我们展示了他是如何走上富裕道路的。

"50年前，我开始踏入社会谋生，在一家五金店找到了一份工作，每年才挣75美元。有一天，一位顾客买了一大批货物，有铲子、钳子、马鞍、盘子、水桶、箩筐等等。这位顾客过几天就要结婚了，提前购买一些生活和劳动用具是当地的一种习俗。货物堆放在独轮车上，装了满满一车，骡子拉起来也有些吃力。送货并非我的职责，而完全是出于自愿——我为自己能运送如此沉重的货物而感到自豪。

"一开始一切都很顺利，但是，车轮一不小心陷进了一个不深不浅的泥潭里，使尽吃奶的劲都推不动。一位心地善良的商人驾着马车路过，用他的马拖起我的独轮车和货物，并且帮我将货物送到顾客家里。在向顾客交付货物时，我仔细清点货物的数目，一直到很晚才推着空车艰难地返回商店。我为自己的所作所为感到高兴，但是，老板却并没有因我的额外工作而称赞我。

"第二天，那位商人将我叫去，告诉我说，他发现我工作十分努力，热情很高，尤其注意到我卸货时清点物品数目的细心和专注。因此，他愿意为我提供一个年薪 500 美元的职位。我接受了这份工作，并且从此走上了致富之路。"

因此，我们不应该抱有"我必须为老板做什么？"的想法，而应该多想想"我能为老板做些什么？"一般人认为，忠实可靠、尽职尽责完成分配的任务就可以了，但这还远远不够，尤其是对于那些刚刚踏入社会的年轻人来说更是如此。要想取得成功，必须做得更多更好。一开始我们也许从事秘书、会计和出纳之类的事务性工作，难道我们要在这样的职位上做一辈子吗？成功者除了做好本职工作以外，还需要做一些不同寻常的事情来培养自己的能力，引起人们的关注。

付出多少，得到多少，这是一个众所周知的因果法则。也许你的投入无法立刻得到相应的回报，也不要气馁，应该一如既往地多付出一点。回报可能会在不经意间，以出人意料的方式出现。最常见的回报是晋升和加薪。除了老板以外，回报也可能来自他人，以一种间接的方式来实现。

对百万富翁成功经验的研究也反复证明额外投入的回报原则，尤其是在这些人早期创业时，这条原则尤显重要。当他们的努力和个人价值没有得到老板的承认时，他们往往会选择独立创业，在这个过程中，早期的努力使其大受裨益。你付出的努力如同存在银行里的钱，当你需要的时候，它随时都会为你服务。

03 失败不必抱怨，不要因此而错过成功

懒惰之人的一个重要特征就是拖沓。把前天该完成的事情拖延敷衍到后天，是一种很坏的工作习惯。对一位渴望成功的人来说，拖延最具破坏性，也是最危险的恶习，它使人丧失进取心。一旦开始遇事推脱，就很容易再次拖延，直到变成一种根深蒂固的习惯。

解决拖拉的唯一良方就是行动。当你开始着手做事——任何事，你就会惊讶地发现，自己的处境正迅速地改变。

习惯性的拖延者通常也是制造借口与托辞的专家。如果你存心拖延逃避，你就能找出成千上万个理由来辩解为什么事情无法完成，而对事情应该完成的理由却想得少之又少。把"事情太困难、太昂贵、太花时间"等种种理由合理化，要比相信"只要我们更努力、更聪明、信心更强，就能完成任何事"的念头容易得多。

这类人无法接受承诺，只想找借口。如果你发现自己经常为了没做某些事而制造借口，或想出千百个理由为事情未能按计划实施而辩解，最好自我反省一番。别再做一些无谓的解释，动手做事吧！

拖延是对生命的挥霍。拖延在人们日常生活中司空见惯，如果你将一天时间记录下来，就会惊讶地发现，拖延正在不知不觉地消耗着我们的生命。

拖延是因为人的惰性在作怪，每当自己要付出劳动时，或

要作出抉择时，我们总会为自己找出一些借口来安慰自己，总想让自己轻松些、舒服些。有些人能在瞬间果断地战胜惰性，积极主动地面对挑战；有些人却深陷于"激战"泥潭，被主动和惰性拉来拉去，不知所措，无法定夺……时间就这样一分一秒地浪费了。

人们都有这样的经历，清晨闹钟将你从睡梦中惊醒，想着自己所订的计划，同时却感受着被窝里的温暖，一边不断地对自己说：该起床了，一边又不断地给自己寻找借口——再等一会儿。于是，在忐忑不安之中，又躺了5分钟，甚至10分钟……

拖延是对惰性的纵容，一旦形成习惯，就会消磨人的意志，使你对自己越来越失去信心，怀疑自己的毅力，怀疑自己的目标，甚至会使自己的性格变得犹豫不决。

拖延有时候也是由于考虑过多、犹豫不决造成的。

适当的谨慎是必要的，但过于谨慎则是优柔寡断，何况诸如早上起床这样的事是没必要做任何考虑的。我们需要想尽一切办法不去拖延，在知道自己要做一件事的同时，立即动手，绝不给自己留一秒钟的思考余地。千万不能让自己拉开和惰性开仗的架势——对付惰性最好的办法就是根本不让惰性出现。往往在事情的开端，总是积极的想法先有，然后当头脑中冒出"我是不是可以……"这样的问题时，惰性就出现了，"战争"也就开始了。一旦开仗，结果就难说了。所以，要在积极的想法一出现时，就马上行动，让惰性没有乘虚而入的可能。

人们如此善于找借口，却无法将工作做好，的确是一件非常奇怪的事。如果那些一天到晚想着如何欺瞒的人，能将这些精力及创意的一半用到正途上，他们就有可能取得巨大的成就。

克服拖延的习惯，将其从自己的个性中根除。这种把你应该在上星期、去年甚至十几年前该做的事情拖到明天去做的习惯，正在啃噬你的意志，除非你革除了这种坏习惯，否则你将难以取得任何成就。有许多方法可以克服这种恶习：

第一，每天从事一件明确的工作，而且不必等待别人的指示就能够主动去完成；

第二，到处寻找，每天至少找出一件对其他人有价值的事情，而且不期望获得报酬；

第三，每天要将养成这种主动工作习惯的价值告诉别人，至少要告诉一个人。

现在就动手做吧！

如果你想规避某项杂务，那么你就应该从这项杂务着手，立即进行，否则，事情还会不断地困扰你，使你觉得烦琐无趣而不愿意动手。

04 做一个时间管理的"先行者"

这个世界你拿什么最没办法？

是命运？不是，命运可以把握；是机遇？不是，机遇可以捕捉。那是什么？是时间。

任你有天大的本领，你都不可能让时间倒流，也不可能让它停滞。不管你有什么样的感觉，有什么样的想法，它始终都在不紧不慢地走着，永远那么从容，那么恬淡。

于是有人说了，人生苦短，韶华难留；也有人说了，浪费时间就等于图财害命。总之，时间就是金钱、时间就是生命、时间就是一切，已经成了世人的共识。珍惜了时间，你就珍惜了一切，学会了合理利用时间，你就可以得到想要的一切。

盛田昭夫说："如果你每天落后别人半步，一年后就是一百八十三步，十年后即十万八千里。"著名的管理大师杜拉克说："不能管理时间，便什么也不能管理"；"时间是世界上最短缺的资源，除非严加管理，否则就会一事无成。"

确实，一个人之所以能够成功，是因为他在同样的时间内做了与别人不一样的事情，他会管理时间，充分利用时间，提高工作效率。某集团总裁说："商场上不是大鱼吃小鱼，而是快鱼吃慢鱼。"反应快、决策快、行动快，是快鱼风格，也是能够成功的一大保证。竞争，实质上就是能不能在最快的时间内做出最好的东西。人生最大的成功，就是在最短的时间内达成最多的目标。

美国著名皮鞋制造商伍德所处的年代，还是一个以手工制作为主要生产方式的年代，伍德凭借自己的努力，设计出了花样繁多的新鲜皮鞋样式，一下子就收到了雪片一样的订单。而当时，伍德皮鞋作坊只有 18 个工人，累死也不可能制作那么多的皮鞋，向别的工厂借吧，都要保护自己的利益，不可能出借给他。伍德为此伤透了脑筋，最后决定召开一个作坊会议，向大家摊开这些问题，征求大家的意见。当伍德把问题摆出后，人们就开始发言了。有人认为要出钱向别的工厂去借，有的人认为要退掉一部分订单。有一个青年制鞋工说，可用机械来代替，此话一出口，马上引来了人们的一致哄笑。伍德从这儿得到了启发，马上成立了一个研制机构，研究制鞋机器的问题，于是简单的制鞋机器问世了。制鞋业也因此大大地提高了制鞋效率，伍德成为制鞋机器的主要收益人。

伍德就是在众多的建议中，采取了"取优"的原则，加快了制鞋速度，取得了成功，他的经验，我们不能不吸收。

但是，仍然有非常多的人天天都在浪费时间，他并不知道自己的目标到底在哪里，他的目标也没有事先设定优先顺序，也没有做详细的计划，只是一直问自己：为什么不跟别人一样成功。有些人认为自己比别人聪明，可是成就不如别人，关键就在于他浪费了太多的时间。

一位大学生准备晚上 7 点开始学习。但因晚饭吃多了，所以决定看一会儿电视。说看一会儿，结果看了一个小时，因为电视节目很精彩。晚上 8 点，他坐在桌前正准备看书，突然又想起来要跟朋友打一个电话，一聊又是 40 分钟（他一天没跟他的朋友聊了）。他在回来的路上又被人拉去玩了 1 小时乒乓球。结果，他满头大汗，又去洗了个澡。洗完澡，又觉得饿了，因为毕竟消耗了不少体力。本来计划挺好的一个晚上就这样过去了。到了凌晨 1 点钟，他打开了书，但又太累了，集中不了精神再看。最终，他还是去睡了。

你是不是有过和他一样的经历呢？

时间管理学的研究发现，人们的时间往往是在无意中被"偷走"的。生活中最常见的"时间窃贼"有 9 个：

1. 找东西。据对美国 200 家大公司职员做的调查，公司职员每年都要把 6 周时间浪费在寻找乱放的东西上面。这意味着，他们每年要损失 10% 的时间。对付这个"时间窃贼"，有一条最好的原则：不用的东西扔掉，不扔掉的东西分门别类保管好。

2. 懒惰。对付这个"时间窃贼"的办法是：

（1）使用日程安排簿。

（2）在家居之外的地方工作。

（3）及早开始。

3. 时断时续。研究发现，造成公司职员浪费时间最多的是干活时断时续的方式。因为重新工作时，这位职员需要花时间调整大脑活动及注意力，才能在停顿的地方接下去干。

4.一个人包打天下。提高效率的最大潜力，莫过于其他人的协助。你把工作委托给其他人，授权他们去干好，这样每个人都是赢家。授权给别人，同时也要给他们完成任务所需要的条件。

5.偶发延误。这是最浪费时间的情况，要避免这种情况出现，唯一的办法是预先安排工作。事前有准备，利用好偶发的延误，你能把本来会失去的时间化为有用的时间。

6.拖拖拉拉。这种人花许多时间思考要做的事，担心这个担心那个，找借口推迟行动，又为没有完成任务而悔恨。在这段时间里，其实他们本来能完成任务而且应转入下一个工作。

7.对问题缺乏理解就匆忙行动。这种人与拖拉作风正好相反，他们在未获得对一个问题的充分资讯之前就匆忙行动，以致往往需要推倒重来。这种人必须培养自己的自制力。

8.消极情绪。消极情绪使人失去干劲，工作效率下降。对人怀有戒心、妒忌、明争暗斗、愤怒及其他消极情绪使我们难以做到最好。这就必须进行自我心理调适，培养积极心态。

9.分不清轻重缓急。即使是避免了上述大多数问题的人，如果不懂得分清轻重缓急，也达不到应有的效率。区分轻重缓急是时间管理中最关键的问题。许多人在处理日常事务时，完全不考虑完成某个任务之后他们会得到什么好处。这些人以为每个任务都是一样的，只要时间被工作填得满满的，他们就会很高兴。或者，他们愿意做表面看来有趣的事情，而不理会不那么有趣的事情。他们完全不知道怎样把人生的任务和责任按重要性排队。确定主次。在确定每一天具体做什么之前，要问自己3个问题：

（1）我需要做什么？明确那些非做不可，又必须自己亲自做的事情。

（2）什么能给我最高回报？人们应该把时间和精力集中在能给自己最高回报的事情上，即所谓"扬己所长"。

（3）什么能给我们最大的满足感？在能给自己带来最高回报的事情中，优先安排能给自己带来满足感和快乐的事情。把重要事情摆在第一位。

除了上述9大"时间窃贼"之外，其他常见的"时间窃贼"还有：承诺太多、贪多不烂；喜欢开会、夸夸其谈；门户大开、迎来送往；家务繁杂、应酬过多等等。因此，要学会科学利用时间，要学会掌握一些充分利用时间的必要技巧。

05 做一个主动消费时间的人

人们浪费时间的原因主要分成主观和客观两大类：

其中主观原因有缺乏明确的目标，拖延，缺乏优先顺序，想做的事情太多，做事有头无尾，缺乏条理和整洁，不懂授权，不会拒绝别人的请求，仓促决策，行动缓慢，懒惰和心态消极。客观原因有上级领导浪费时间（开会、电话、不懂授权），工作系统浪费时间（访客、员工离职等），生活条件浪费时间（通讯、环境、交通、朋友闲聊、家住郊区等）。

这里提供一些管理时间的方法。

1.每天清晨把一天要做的事都列出清单。

如果你不是按照办事顺序去做事情的话，那么你的时间管理也不会是有效率的。在每一天的早上或是前一天晚上，把一天要做的事情列一个清单出来。这个清单包括公务和私事两类内容，把它们记录在纸上、工作簿上、你的 PDA 或是其他什么上面。在一天的工作过程中，要经常地进行查阅。

2. 把接下来要完成的工作也同样记录在你的清单上。

在完成了开始计划的工作后，把下来要做的事情记录在你的每日清单上面。如果你的清单上内容已经满了，或是某项工作可以转天来做，那么你可以把它算作明天或后天的工作计划。你是否想知道为什么有些人告诉你他们打算做一些事情但是没有完成的原因吗？这是因为他们没有把这些事情记录下来。

3. 对当天没有完成的工作进行重新安排。

现在你有了一个每日的工作计划，而且也加进了当天要完成的新的工作任务。那么，对一天下来那些没完成的工作项目又将做何处置呢？你可以选择将它们顺延至第二天，添加到你明天的工作安排清单中来。但是，希望你不要成为一个办事拖拉的人，每天总会有干不完的事情，这样，每天的任务清单都会比前一天有所膨胀。如果的确事情重要，没问题，转天做完它。如果没有那么重要，你可以和与这件事有关的人讲清楚你没完成的原因。

4. 记住应赴的约会。

使用你的记事清单来帮你记住应赴的约会，这包括与同事和朋友的约会。工作忙碌的人们失约的次数比准时赴约的次数还多。如果你不能清楚地记得每件事都做了没有，那么一定要把它记下来，并借助时间管理方法保证它的按时完成。如果你的确因为有事而不能赴约，可以提前打电话通知你的约会对象。

5. 把未来某一时间要完成的工作记录下来。

你的记事清单不可能帮助提醒你去完成在未来某一时间要完成的工作。比如，你告诉你的同事，在两个月内你将和他一起去完成某项工作。这时你就需要有一个办法记住这件事，并在未来的某个时间提醒你。其实为了保险起见，你可以使用多个提醒方法，一旦一个没起作用，另一个还会提醒你。

6.把做每件事所需要的文件材料放在一个固定的地方。

随着时间的过去，你可能会完成很多工作任务，这就要注意保持每件事的有序和完整。一般把与某件事有关的所有东西放在一起，这样当需要时查找起来非常方便。当彻底完成了一项工作时，把这些东西集体转移到另一个地方。

7.清理你用不着的文件材料。

把新用完的工作文件放在抽屉的最前端，当抽屉被装满的时候，清除在抽屉最后面的文件。换句话说，保持有一个抽屉的文件，总量不会超出这个范围。有的人会把所有的文件都保留着，这些没完没了的文件材料最后会成为无人问津的废纸，很多文件可能都不会再被人用到。我在这里所提到的文件材料并不包括你的工作手册或是必需的参考资料，而是那些用作积累的文件。

8.定期备份并清理计算机。

对保存在计算机里的文件的处理方法也和上面所说的差不多。也许，你保存在计算机里的95%的文件打印稿可能还会在你的手里放3个月。定期地备份文件到光盘上，并马上删除机器中不再需要的文件。

06 将时间的价值发挥到极致

我们做事都是有时间限定的，没有无限时的工作。时间价值也是不可估量的。在战场上，时间就是生命。提前占领目的地就会少牺牲很多人；谁最先发动攻击谁就处在了优势制胜的地位；晚了一秒开枪，就成了敌人的俘虏……在商场上，时间就是商机。谁最先推出产品，谁就占领了市场，谁最先退出市场谁就避免了股价的下跌所造成的损失……还有，医生要以最短的时间抢救病人，否则就像他杀了那个人一样有罪恶感……

时间意识在做任何事的时候都是不可缺少的。"定时"是技术时代的日常生活的一大突出特征。早起，上班，工作，下班，都被仔细地定时，你不能出差错。整个社会就好像一台庞大的机器，它在时间的指挥下有条不紊地运转。如果有哪一个部件，哪一个环节不听指挥，则机器就不能正常运转。

把短时间完成任务作为做事的原则会让你有几大优势：

第一，为自己节省时间就是为别人节省时间。尤其在服务领域，时间是服务质量的一个重要的衡量标准。大家都是如此地珍视时间，以至于你在做事的时候若占用别人稍微多一点的时间，就会让你的服务满意度大打折扣。

第二，使你的价值提升。一个参加工作的人把每月的月薪和整月的时间相核算，就能算出你一个小时的价值，这是一个时间成本的计算过程。时间和风险成为一个恰当的比例关系，时间可以换来金钱，而金钱也可以换回我们学习的时间。

第三，让你成就更多事。我们经常听人说"我很想做一件事，但没时间"，"如果给我时间，我就会完成这件事"。像这样声称自己没时间的人，你可以问他："一个月你没有上过厕所吗？没吃过一顿饭吗？"时间本身并不是有和没有的概念，而是你抽出和不抽出、寻找与不寻找的概念。这就是时间寻宝。我们通过这样的方式寻找的时间可能是零碎的时间。因此，我们要利用这些零碎时间做一些小的事情，这样可以使我们所做事情的数量增加。时间管理的技巧就是能够在一段有限的时间内做最重要的事情。

07 做大事如烹小鲜，一步一步来

先说这样一个故事。有一种动物叫海獭，它们的智能在某些方面超过了类人猿。其实，令科学家惊叹的不是海獭的聪明，而是它们对成功捕食时间的准确把握。海獭的潜水时间仅仅只有4分钟，也就是说，在这4分钟里，它必须潜到50米以下的海水里去捕猎，如果超过了4分钟，它就会溺死在水里。所以，时间对于海獭来说就是生命，每一次捕猎，都是以倒计时来计算的，并且必须用上整个生命。它们只能在规定的时间内捕获到食物，不然，要么会被淹死，要么就会被饿死。

我们的生命是有期限的，这一点我们无从改变，但是，如何把有限的时间最大化利用，却是我们可以自动自发掌控的。所以，我们做每一件事，都要给自己定下一个期限。

给成功一个期限，就要着眼眼前的每一步，将长远的梦想化为一个个短期的成功。

著名影星施瓦辛格最初的梦想并不是进入好莱坞，他有3个梦想：世界上最强壮的人、电影明星、成功的商人。为了这个长远的成功，他为自己定了一个短期成功的目标，于是，在他仅仅20岁时，就得到了"环球先生"的称号，然后于1969年进入好莱坞，然而就在13年后，凭借《野蛮人柯南》一举成名。

试想，若不是他为自己的成功定下一个期限，如何能在这个大千世界中找到属于自己的位置；若不是他为自己定下一个

成功的期限，如何能从一个奥地利移民成为名满天下的人物。

帕金森有一条定律："工作会展延到填满所有的时间。"因此，派给自己或别人的任务，必须要有期限，没有期限就永远完成不了。定下期限，可以给自己施加压力，尽快把工作完成。尊重自己制定的期限，不能养成拖延的毛病。定期限是在实践中最有效的方法之一。

一般每个做事的人都会在自己心里自然而然地形成一个心理期限，只是没有对其进行强化。强化后的事情往往才会对人们产生约束力。因此，我们在定计划的时候可以采取一些自我奖惩措施。例如，提前完成计划，可以奖励自己一场电影、一顿丰盛晚餐，或和朋友分享一段时间等等，若没按时完成，可以惩罚自己做一件极其不想做的事，如去操场跑 10 圈、听一个鬼故事等等。通过奖惩强化措施，我们以后就会下意识地按时完成任务。

反观我们今日的生活，对于每一个人来讲，给成功定一个期限更刻不容缓。给成功定一个期限，这样，我们才不至于轻狂浮躁，才能在人生的道路上留下一个个坚实的脚印。给成功定一个期限，便没有时间怨天尤人，也没有机会犹豫不决。当我们垂垂老矣时，才可以欣慰地说："我的一生没有虚度。"

08 零碎的时间，往往价值是无穷的

时间往往不是一小时一小时浪费掉的，而是一分钟一分钟悄悄溜走的。因此，充分利用零碎时间应从每一分钟做起。生命是以时间为单位的，也就是说时间就是生命，学习是在时间中进行的。因此，每个人都要有时间观念，应该力求把我们所有的时间用去做有益的事情。

争取时间、赢得时间才是我们高效率生活的保证。把零碎时间用来从事零碎的工作，从而最大限度地提高工作效率。比如在车上时，在等待时，可用于学习，用于思考，用于简短地计划下一个行动等等。充分利用零碎时间，短期内也许没有什么明显的感觉，但成年累月，将会有惊人的成效。

滴水成河。用"分"来计算时间的人，比用"时"来计算时间的人，时间多59倍。黑川康正经营黑川国际法律会计事务所，他的家离最近的车站不到10分钟路程，所以养成了步行的习惯。但是上车之后，通勤需两个小时到达办公室，所以他大力倡导时间通勤法，也就是避开高峰塞车时间，比平常早一个小时出门。至于选择座位，他通常选择连接器旁边的座位，也就是一个人们移动较少的角落，以便可以集中注意力，冷静地看些报纸和读书，实在不行，背靠着门站着也能看些资讯。由于在车上有时要写点东西，他还经常用笔记本当做垫板来使用，并且建议用自动铅笔、圆珠笔及色笔，把它们放在胸前的口袋里。黑川康正的许多著作都是在通勤时完成的。他细述步骤如下：第一，搭车时遇有座位，立即取出文具，准备写稿；第二，将所想到的事情一字不漏地写下来，下车后再整理；第三，一边走一边用录音机将脑海里浮起的文章录起来。到达办公室后，交给秘书打字，在下班通勤时润色、修改。

宋代文学家欧阳修曾说过："余平生所做文章，多在三上：马上、枕上、厕上。"三国时董遇读书的方法是"三余"："冬者岁之余；夜者日之余；阴雨者晴之余。"即要充分利用寒冬、深夜和雨天，别人歇手之时发奋苦学。并认为"三余广学，百战雄才"。而鲁迅先生，则"把别人用来喝咖啡的时间都用在了写作上"。

这些名人的经历都告诉我们有效利用零碎时间的重要性。那么，如何有效利用零碎时间呢？

■学会挤时间

一块块小碎布可以拼成座套、褥面，甚至还可以做成一件花衣服等。同样，如果零碎时间一分一秒地加起来，也可以干成一件大事。我们来计算一下，如果一个人每天浪费 1 小时，那么一生中会浪费多少时间啊！

达尔文说："我从来不认为半小时是微不足道的。""完成工作的方法是爱惜每一分钟……"把零星时间联结起来就会出现一批有用的时间。我们应该学会挤时间，珍惜属于我们的分分秒秒。

一位上海青年，曾是个小木匠，他从补习中学课程开始，利用零碎时间学习，每学完一小时，就在本子上画一条短线，学满 5 小时，写一个正字，就这样学完了大学数学课程，达到用英、德、日、法、俄 5 国文字阅读数学文献的水平。后来终于被破格录取为研究生，后又赴法国深造。

利用零碎时间，要巧妙、得当。比如，等车时间，可用来背公式、记单词；饭后散步可用来观察事物，思考问题；入睡前躺在床上，可以回忆当天的工作、学习内容，等等。

善于挤时间的人，可用的时间就比别人多。除了"挤"时间，还要善于节省时间，比如一天当中，一定要办最重要的事情；用大部分时间去处理最难、影响最大的事，等等。"挤"时间与省时间的另一个方法是科学利用业余时间。

下面介绍几种有效利用业余时间的技巧：

◎压缩式技巧

压缩式即把零星时间压缩到最低限度，使一项活动尽快转为另一项活动，免去很长的过渡时间。比如，每天等到吃饭时间再放下书本，这样就可缩短等候的零碎时间。

◎嵌入式技巧

嵌入式就是在空余的零碎时间里加进充实的内容。比如当你坐车的时候，可以思考一些问题。

◎化零为整式技巧

化零为整式就是把零碎时间集中为一个整体。

◎并列式技巧

并列式即在某项松散活动进行期间，同时开展另一项活动。例如做饭、散步、逛商店时，都可以适当地一心两用，想想当天所学的内容，或背几个英语单词等。

■钻时间的空子

钻时间的空子就是更加合理地运用时间，而这些时间看起来是零碎的，是不能合理运用的，但是只要你是个有自主能力的人，就可以努力自发地去寻找可以利用的时间。

我们每个人都应该清楚地认识到，在同一段时间里做几件不同的事情，就等于把时间当做几倍使用。这样，一天的实际时间就不只是 24 小时，有可能是两个 24 小时，甚至 3 个、4 个 24 小时。

发明家爱迪生在 79 岁的时候，曾经对朋友说他已经是 135 岁的老人了，当朋友问他为什么这么说时，他回答因为他经常一天干两天的工作。

关于时间，著名作家伏尔泰在他的小说《查弟格》中有一段经典的话：

"最长的莫过于时间，因为它无穷无尽；最短的也莫过于时间，因为人们所有的计划都来不及完成；在等待的人看来，时间是最慢的，在作乐的人看来，时间是最快的；它可以无穷地扩展，也可以无限地分割；当时谁都不加重视，过后都表示惋惜；没有它，什么事都做不成；它可以将一切不值得后世纪念的人和事从人们的心中抠去，也能让所有不平凡的人和事永垂青史。"

　　时间如此宝贵，又如此易逝，所以，我们既要珍惜时间，也要学会合理地去安排时间，两者都不轻视，学习才可能事半功倍。

*09*让自己每天阅读 15 分钟

　　学习是一个人得以安身立命的基础。有这样一个故事：在一个漆黑的晚上，老鼠首领带领着小老鼠出外觅食，在一家人的厨房内，垃圾桶之中有很多剩余的饭菜，对于老鼠来说，就好像人类发现了宝藏。

　　正当一大群老鼠在垃圾桶及附近范围大挖一顿之际，突然传来了一阵令它们肝胆俱裂的声音，那是一头大花猫的叫声。它们震惊之余，便各自四处逃命，但大花猫绝不留情，不断穷追不舍，终于有两只小老鼠躲避不及，被大花猫捉到，正要向它们吞噬之际，突然传来一连串凶恶的狗吠声，令大花猫手足无措，狼狈逃命。

　　大花猫走后，老鼠首领施施然从垃圾桶后面走出来说："我早就对你们说，多学一种语言有利无害，这次我就因而救了你们一命。"

　　这当然只是一个笑话，但是，如果把这个简单的故事放在我们当代，结合金融危机的时代背景，笑话就变成了寓言，"多一门技艺，多一条路。"不断学习实在是成功人士的终身承诺。

　　为了生存，你必须学习；为了提高收入，你必须学习。在你现有知识水平、技术水平上，你已经是最高分获得者了。你若还是仅仅运用你现有能力努力工作，那么你很难有更多的收成，得到更好的结果。如果今后你想要提高收入，你就必须学习吸收新的方法和技巧。记得有一句古老的谚语说，"你做得越多，将来你得到的就越多"。

　　事实上，我们正在经历着人类前所未有的知识、技术大爆炸时期。这些进步创造出了新的竞争对手，并推动着现在的业务竞争向追求更好的产品、更快的供货及更优的价格发展。因此，坚持不断地学习成为在当今销售界获得成功的起码要求。

　　未来属于善于学习的人，而不仅仅是属于努力工作的人。相比较底层人员，拿高薪的管理人员更为显著地将大量精力和财力用在提高自己的能力上。

　　其实学习的方法也很简单，就是让你不断地阅读你所在领域的书籍。每天早晨早早起床，读一个小时关于自己所从事领域知识的书。将报纸放在一旁，关掉电视，读一本关于自己所从事领域知识的好书，划出重点，并作笔记，找到你能立刻付诸实践的一个可行观点，在大脑中反复考虑这个主意。设想一下你将其运用到了自己所从事的活动中。然后，花一整天时间对于你早晨所学到的知识进行实践。

　　尤为强调的是，在当代社会，阅读是学习最为重要的部分。

　　书作为知识的载体，是人类共有的精神财富。读书使人充实，可以增加素养、改造思想、增长才能。现在我们的生活丰富了，却再也无法轻易获得那种阅读的单纯快乐。我们经常对人抱怨城市生活的苍白与恶俗，抱怨着无处不在的汽笛声和城建的机器声如何可怕地阻碍了自己读书和思考的兴致……殊不知，这所有的抱怨只是一种借口，一些浮华的尘埃已落入我们心中并挥之不去了。

在这样一个喧嚣的世界里，你是否还拥有一颗宁静的心，能够两耳不闻窗外事，一心只读圣贤书？在这样一个浮躁的城市里，你还能心平气和地选择白纸黑字作为你孤独时的良师益友吗？

唯有心静，才能无论何时何地与书为友。

每天阅读15分钟，这意味着你将一周读半本书，一个月读两本书，一年读大约20本书，一生读1000或超过1000本书。这是一个简单易行的博览群书的办法。从你一生的心理成长规律、空闲时间安排以及普遍的需要出发，你的一生至少需要深读1000本专业外的书籍，包括文学、科学、医学、哲学、历史、艺术以及其他方面的作品。

美国前总统罗斯福的夫人曾说："我们必须让我们的青年人养成一种能够阅读好书的习惯，这种习惯是一种宝物，值得双手捧着，看着它，别把它丢掉。"

我们必须找出自己每天的15分钟，最好是每天的固定时间，这样所有其他的空闲时间就都是额外收获了。我们唯一需要的是读书的决心，有了决心，不管多忙，你一定能找到这15分钟。同时，手上一定要有书，一旦开始阅读，这15分钟里的每一秒都不应该浪费，事先把要读的书准备好，穿衣服的时候就把书放在口袋里，床上放上一本书，卫生间放上一本书，饭桌旁边也放上一本，书架上，书桌上，永远不能让书本缺席。当你心生烦恼或忧愁或觉得形单影只，或觉得受到委屈，沮丧，有怨恨情绪时，请把与你心境有关的书籍抽出来阅读。

有时你会问最应该读什么样的书籍。答案很简单，开始的时候，请顶头的管理人员为你推荐几本书，几乎所有的管理人员都有自己收集的一些有关书籍。市场上现有各行各业的印刷品也种类繁多，而且每年还有不少的新书上架。今天，就开始你的书籍收集计划吧。

10 做事的计划需要以可行为前提

爱佛、信佛的人都知道这样一个故事：一位行者在旅途中口渴了，便到一座庙宇讨水喝。庙宇中的一位老者问道："您从哪里来？"行者说："我从来处来。"老者又问："您到哪里去？"行者回答说："我到去处去。"这样的回答，简单而又睿智。

在人生的旅途中，你是不是也应该经常问问自己："你到哪里去？"回答是肯定的。因为，做事必须要有个目标。

一个小孩子喜欢跟自己的爸爸比试谁跑得更快，结果每次都输掉了。

有一天，雪过天晴，父子俩又一次来到野外。小孩又向爸爸提出了比试的请求。但爸爸改变了主意，对他说："孩子，今天咱们不比谁跑得快，比谁走得直。看见前面那棵树了吧，我们都走到那里，谁的脚印直，就算谁赢。"孩子很高兴地答应了，他心里想："比谁跑得快，我肯定赢不了，没听说过哪个小孩能比大人跑得更快。但要比走得直，只要我专心致志，我一定能赢。"

爸爸很快就走到了那棵树下，而这个孩子却走得很慢很耐心。当他终于走到树下的时候，他的脸上泛着红光，因为他坚信他终于赢了。

可当他迫不及待地转过身来的时候，失望笼罩了他的脸：他走出的脚印弯弯曲曲，而爸爸的却像一条直线。

望着孩子充满不解的脸，爸爸对他说："孩子，知道你为什么走不直吗？是因为你一直盯着脚下，而我一直盯着远处的树。"

孩子若有所思地跑回原处，盯着大树又走了一遍，他的脚印也成了一条笔直的线。

这就是目标的作用。有了目标，你奋斗的历程就是一条直线，没有了它，你就会走弯路。人生苦短，走弯路就等于浪费时间，蹉跎岁月，就要付出代价。在拥挤的人群中，一步落下，十步都赶不上，这是做人的常识。

实际上，这个小孩也有自己的目标：尽量走直。他比不过爸爸是因为他的目标不合理。拿破仑·希尔说："许多人埋头苦干，却不知所为何来，到头来发现追求成功的阶梯搭错了边，却为时已晚。"可见，不合理的目标不可能指引出一条合理的路来。要制定出合理的人生目标，首先就需要合理定位。

怎样才能做到合理定位呢？

首先，无论做什么，制定的目标要切实可行，经过努力可以达到，通俗地讲就是踮起脚尖能够得着。

其次，看自己的主观感受，这是最重要的。一般说来，无论干什么，只要定位合理，个体不会有力不从心的感觉，对所做的事情有兴趣，至少不会过于讨厌。个体不应感到过于疲劳或是偶尔感到疲劳，但是能够很快恢复。另外，做完事情有喜悦感、成就感。

第三，冷静对待他人的影响。由于每个人的能力、经历、性格、处事方式等存在较大差异，在别人看来是千载难逢的好事不一定适合自己。因此，无论别人怎样说，自己应自问一下：这适合我吗？

第四，快速修正错位。由于个体对自己的了解也是有限的，每个人都有"往上走"的欲望和冲动，难免一时冲动做出选择。

但是当自己感到力不从心或是丝毫无快乐可言，有必要自问一下：这适合我吗？如果答案是否定的，就要及时调整，甚至要面对别人的不理解及不太中听的说辞而坚决修正错位，必要时不妨吃一次回头草——回归原位。

在做到合理定位的基础上，再尝试制定合理的目标。

目标其实可以分为两种，终极目标和阶段性目标。

首先，结合自身情况——如能力、学识、资源、环境等等——去设定合理的终极目标，不是一个无法达到的梦，也不是妄自菲薄、唾手可得的目标，这是追求有望成功的前提。

其次，有了合理的终极目标后，你可以将这一目标分成几大阶段，并设立每一阶段的阶段性目标，在每个阶段性目标达到后，休息一下，进行总结，并做好下一步目标的规划。

设定了合理的目标，你才不至于在追求中迷惑，更不会在追求中迷失，只有设定了合理目标，你才会知道你的每一个下一步需要做些什么，才有标准去评估是否成功达到彼岸。

有了合理的目标，你也会知道自己还有哪些不足需要弥补，也许是学识上的，也许是经验上的……

有了合理的目标，你能够拥有相对平实的心态，在面对突如其来的快速成功，或是千辛万苦后的颓然失败，心态不至于失衡，更不会就此无限膨胀或者意志消沉。

因此，合理地设定好终极和阶段性目标后，你已经拥有了成功的前提。

11 用自己的热忱来享受工作

成功与其说是取决于人的才能，不如说取决于人的热忱。这个世界为那些具有真正的使命感和自信心的人大开绿灯，到生命终结的时候，他们依然热情不减当年。无论出现什么困难，无论前途看起来是多么的暗淡，他们总是相信能够把心目中的理想图景变成现实。

我欣赏满腔热情工作的人。热忱可以借由分享来复制，而不影响原有的程度，它是一项分给别人之后反而会增加的资产。你付出的越多，得到的也会越多。生命中最巨大的奖励并不是来自财富的积累，而是由热忱带来的精神上的满足。

当你兴致勃勃地工作，并努力使自己的老板和顾客满意时，你所获得的利益就会增加。在你的言行中加入热忱，热忱是一种神奇的要素，吸引具有影响力的人，同时也是成功的基石。

诚实、能干、友善、忠于职守、淳朴——所有这些特征，对准备在事业上有所作为的年轻人来说，都是不可缺少的，但是更不可或缺的是热忱——将奋斗、拼搏看做是人生的快乐和荣耀。

发明家、艺术家、音乐家、诗人、作家、英雄、人类文明的先行者、大企业的创造者——无论他们来自什么种族、什么地区，无论在什么时代——那些引导着人类从野蛮社会走向文明的人们，无不是充满热忱的人。

如果你不能使自己的全部身心都投入到工作中去，你无论做什么工作，都可能沦为平庸之辈。你无法在人类历史上留下任何印记；做事马马虎虎，只有在平平淡淡中了却此生。如果是这样，你的人生结局将和千百万的平庸之辈一样。

热忱是工作的灵魂，甚至就是生活本身。年轻人如果不能从每天的工作中找到乐趣，仅仅是因为要生存才不得不从事工作，仅仅是为了生存才不得不完成职责，这样的人注定是要失败的。

当年轻人以这种状态来工作时，他们一定犯了某种错误，或者错误地选择了人生的奋斗目标，使他们在天性所不适合的职业上艰难跋涉，白白地浪费着精力。他们需要某种内在力量的觉醒，应当被告知，这个世界需要他们做最好的工作，我们应当根据自己的兴趣把各自的才智发挥出来，根据每个人的能力，使它增至原来的 10 倍、20 倍、100 倍。

从来没有什么时候像今天这样，给满腔热情的年轻人提供了如此多的机会！这是一个年轻人的时代，世界让年轻人成为真与美的阐释者。大自然的秘密，就要由那些准备把生命奉献给工作的人、那些热情洋溢地生活的人来揭开。各种新兴的事物，等待着那些热忱而且有耐心的人去开发。各行各业，人类活动的每一个领域，都在呼唤着满怀热忱的工作者。

热忱是战胜所有困难的强大力量，它使你保持清醒，使全身所有的神经都处于兴奋状态，去进行你内心渴望的事；它不能容忍任何有碍于实现既定目标的干扰。

著名音乐家亨德尔年幼时，家人不准他去碰乐器，不让他去上学，哪怕是学习一个音符。但这一切又有什么用呢？他在半夜里悄悄地跑到秘密的阁楼里去弹钢琴。莫扎特孩提时，成天要做大量的苦工，但到了晚上他就偷偷地去教堂聆听风琴演奏，将他的全部身心都融化在音乐之中。巴赫年幼时只能在月光底下抄写学习的东西，连点一支蜡烛的要求也被蛮横地拒绝了。当那些手抄的资料被没收后，他依然没有灰心丧气。同样，皮鞭和责骂反而使儿童时代充满热忱的奥利·布尔更专注地投入到他的小提琴曲中去。

没有热忱，军队就不能打胜仗，雕塑就不会栩栩如生，音乐就不会如此动人，人类就没有驾驭自然的力量，给人们留下深刻印象的雄伟建筑就不会拔地而起，诗歌就不能打动人的心灵，这个世界上也就不会有慷慨无私的爱。

热忱使人们拔剑而出，为自由而战；热忱使大胆的樵夫举起斧头，开拓出人类文明的道路；热忱使弥尔顿和莎士比亚拿起了笔，在树叶上记下他们燃烧着的思想。

"伟大的创造，"博伊尔说，"离开了热忱是无法做出的。这也正是一切伟大事物激励人心之处。离开了热忱，任何人都算不了什么；而有了热忱，任何人都不可以小觑。"

热忱，是所有伟大成就的取得过程中最具有活力的因素。它融入了每一项发明、每一幅书画、每一尊雕塑、每一首伟大的诗、每一部让世人惊叹的小说或文章当中。它是一种精神的力量。它只有在更高级的力量中才会生发出来。在那些为个人的感官享受所支配的人身上，你是不会发现这种热忱的。它的本质就是一种积极向上的力量。

最好的劳动成果总是由头脑聪明并具有工作热情的人完成的。在一家大公司里，那些吊儿郎当的老职员们嘲笑一位年轻的同事的工作热情，因为这个职位低下的年轻人做了许多自己职责范围以外的工作。然而不久他就被从所有的雇员中挑选出来，当上了部门经理，进入了公司的管理层，令那些嘲笑他的人瞠目结舌。

热忱，使我们的决心更坚定；热忱，使我们的意志更坚强！

它给思想以力量，促使我们立刻行动，直到把可能变成现实。不要畏惧热忱，如果有人愿意以半怜悯半轻视的语调把你称为狂热分子，那么就让他这么说吧。一件事情如果在你看来值得为它付出，如果那是对你的努力的一种挑战，那么，就把你能够发挥的全部热忱都投入到其中去吧，至于那些指手画脚的议论，则大可不必理会。笑到最后的人，才笑得最好。成就最多的，从来不是那些半途而废、冷嘲热讽、犹豫不决、胆小怕事的人。

一个人要是把他的精力高度集中于他所做的事情（他是如此虔诚地投入其中），是根本没有功夫去考虑别人的评价的，而世人也终究会承认他的价值。

对你所做的工作，要充分认识到它的价值和重要性，它对这个世界来说是不可或缺的。全身心地投入到你的工作中去，把它当做你特殊的使命，把这种信念深深植根于你的头脑之中！

就像美一样，源源不断的热忱，使你永葆青春，让你的心中永远充满阳光。记得有位伟人如此警告说："请用你的所有，换取对这个世界的理解。"我要这样说："请用你的所有，换取满腔的热情。"

12 正确做事与做正确的事

作为 20 世纪对全球经济最具影响力的传奇人物，彼得·德鲁克不仅仅是一位声名卓著的管理大师，同时还是一名实战派的咨询顾问。他通常独自一人完成所有的咨询服务，而其咨询的客户则包括世界各国的政府部门和众多优秀企业。

在提供咨询时，德鲁克通常一开始并不关心客户所遇到的各种困难，他总是立刻开始他所谓"愚蠢的问题"：您真正要做的是什么？

实际上，有时最愚蠢的问题也是最有力量的问题，它通常是开启"解决之门"的钥匙。

总会看到一些有才华的人——那些智商很高的人——因为不知道自己真正想要做的是什么，最终一步步走向失败。

"不但要正确地做事，而且要做正确的事"，自从彼得·德鲁克创造性地将这个观点运用于解决企业问题后，改变了企业经理人的思维方式，把经理人的关注焦点从弗雷德里克·W·泰勒的效率主义引向了效果，从而开创了管理学的第二个里程碑！

这样的情境也许正在你的企业上演：员工们正机械地奔跑在各自的航道上，忙碌着企业既定的任务，等待着监督和检查。但目标是否正确，如何才能最快地抵达终点，他们却并不清楚。

这样的法则也许正在你的生活中得到印证：

10% 的人正在做正确的事且正确地做事；

55% 的人正在做正确的事但并没有正确地做事；

25% 的人正在正确地做事但并没有做正确的事；

10% 的人既没有做正确的事也没有正确地做事，他们在为别人制造工作，在负效劳动。

没有人会拒绝改变，但所有人都拒绝被改变。

因此，你应该立即做出决定，思考如何创造出一份"正确的事业"，并"正确地做事业"！

选择正确的道路，做正确的事情。如何才能选择正确？是需要用我们的智慧去判断，做出适合我们自己的正确选择。

那么什么是正确的道路？什么是正确的事情？

正确的道路：无论选择职业还是选择做事情，都应该选择那种能够让自己在各方面能够不断提升和获得成长的道路。这条道路选定之后即使最初有困难也要坚持，因为它是对自己发展有益的。也是人们常说——对自己的追求要有一颗执著的心。

正确的事情：是在选择正确的道路之后，依据不同时期选择正确的事情去做：人在不同时期，应该能够依据自己具备不同的条件不断地调整自己所做的事情；如：个人知识与财力的储备、人脉资源的扩展、身体适应状况、社会大环境的允许等等。依据不断变化的外界条件去选择自己能够去做，做了又容易成功的事情，这就说明我们选择了正确的事情。

人要学会灵活处事，要学会依据自己在不同的时期里，受环境和条件的制约，能够不断地调整自己来适应外界环境，以实现自己的夙愿。但是，这并不意味着我们会改变已经选择正确的道路。一个人走什么样的路会感到快乐和感到有希望。这是由他的价值观决定的。如果这个人违背了自己的价值观选择了一条自认为是捷径的道路去发展，即使暂时获得了物质和荣誉，获得了之后内心也不会产生那种由衷的快乐！

所以，人在自己内心目标追求的道路上，还是要不畏艰难克服各种困境，持之以恒地去追梦。如果不能抗拒内心的诱惑选择了自己不该选择的，内心也不会因此感到轻松和幸福！

第七章

错落有致，对细节要"例例"在目

"泰山不拒细壤，故能成其高；江海不择细流，故能就其深。"所以，大礼不辞小让，细节决定成败。在中国，想做大事的人很多，但愿意把小事做细的人很少；我们不缺少雄韬伟略的战略家，缺少的是精益求精的执行者；决不缺少各类管理规章制度，缺少的是规章条款不折不扣地执行。我们必须改变心浮气躁、浅尝辄止的毛病，提倡注重细节、把小事做细。

01 长幼有序，办事也如此

办事遵循有序化的原则是一种非常理性的做事信念。它包括对事情顺序的合理安排，对时间的严格分配等。而不会出现像多动症患者一样，东一榔头，西一棒子，弄得满地鸡毛的情景。

做事有条不紊有许多好处：1. 让我们非常明白自己的做事逻辑。2. 对完成的事和未完成的事有明确的概念不至于重复。3. 有利于随时做出经验总结，让接下去的事做得更好。4. 让自己有成就感和一步步逼近目标的兴奋感。这样会提高工作热情。

客人来了，要泡茶，这就要洗茶杯、找茶叶、烧开水。而完成这件事可以有各种不同的顺序：

找茶叶→洗茶杯→烧开水

洗茶杯→找茶叶→烧开水

找茶叶→烧开水→洗茶杯

洗茶杯→烧开水→找茶叶

烧开水→找茶叶→洗茶杯

烧开水→洗茶杯→找茶叶

前面两个顺序最费时，最后两个顺序效果好。可不是吗？等洗茶杯与找茶叶这两件事做完后才想起烧开水，就费时了。如果先烧开水，在烧水的同时洗杯子、找茶叶，效果就好多了。

统筹做事往往能达到事半功倍的效果。泡茶只是一件很小的事，对于步骤更加多的事，需要我们来进行更细致的分析，找出联系和简便的做事次序。

找出要做的事情的头绪。以购物为例，出发前，尽量先别想这事会多麻烦。相反，先看一看你的记事板，列出购物清单。这样做完后，你可以给自己一个鼓励，毕竟你比刚才前进了一步。接着，带上袋子和其他东西去购物。路上，你要想着自己已经做好了购物准备，要尽量避免思考在商场里购物可能遇到的麻烦。到了商场，慢慢地逛，直到把购物单上的物品全买完为止。

这听起来似乎有点像按方抓药，从某种角度来说是这样的。核心问题是不要被诸如"太麻烦了，我无法应付"之类的观念所干扰。研究表明，抑郁的时候，我们丧失了制订计划、有条不紊做事的习惯，变得很容易畏难。对抗抑郁的方式，就是有步骤地制订计划。尽管有些麻烦，但请记住，你正训练自己换一种方式思维。如果你的腿断了，你将学会如何逐渐地给伤腿加力，直至完全康复。

其实很多事情的麻烦都是我们头脑中想象出来的，这些麻烦使一些人望而却步。思考缜密是正确的，可是这只限于你已经在心理上接受这些挑战作为前提。我们要学着把事情简单化，在那些未出现的景象前加一个"如果"，训练自己对风险的承受能力。简单化是一种执著，是对抗困难的一种绝妙心理。它绝不是"阿Q"精神，而是理智，外加一点点冒险精神。

一辆载满乘客的公共汽车沿着下坡路快速前进着，有一个人在后面紧紧地追赶着这辆车子。一个乘客从车窗中伸出头来对追车子的人说："老兄！算啦，你追不上的！"

"我必须追上它，"这人气喘吁吁地说："我是这辆车的司机！"

有些人必须非常认真努力，因为不这样的话，后果就十分悲惨了！然而也正因为必须全力以赴，潜在的本能和不为人知的特质终将充分展现出来。

你有没有碰到这样的情况？或有没有出现一些都准备好了，

就只有自己没到位的情景？我们往往习惯于念叨着这个没准备好，那个没准备好，就是忘记了自己。这是因为我们并未潜心做事，老觉得与自己关系不大。这种不够积极的态度会导致我们没有足够的紧迫感和认真态度，不愿做到最好。

办事情的时候，我们真正能做到像这位追赶车子的司机一样投入，自己首先到位吗？不要把做事老看成是在帮别人做，要把自己当成司机，在追赶自己的车子。这样才能真正把自己的才能发挥出来，把事情办好。

眉毛胡子一把抓是办不好事情的，只会把事情办得一团糟，只有在细节上理清事情的头绪，才能把事情办好。

*02*冷眼旁观，巧妙应对

人与人之间都是相互依存的，怎样才能做到你知我知，相当重要。看透是一种智慧，更是一种艺术。这就是说，看透对方，才能不至于陷入误区，才能行之有效地处理棘手的问题。这就是中国传统智慧里所谓的运筹帷幄，所谓知己知彼，百战不殆。而这种手法在人际关系的处理、在谈判桌上已经成为成功的潜规则。

最聪明的人在人际关系这个圈中，总能了解自己身处何位，知道在左右存在什么利害，然后巧妙应对，既不伤害自己，也不伤害别人。左右逢源毕竟是一种智慧。

巧妙应对一切，在诸葛亮的身上，可以说活灵活现，但是生活中又有几个诸葛亮呢，大多都是臭皮匠？所谓"三个臭皮匠顶一个诸葛亮"，只是给智商不高的人一种说法罢了，对于那些睿智的人来说，巧妙应对则是小菜一碟。

总之，巧妙应对是为人处世时必不可少的手段，断不可视为可有可无。有些事情之成败，全在于你应对的灵敏度。

较量是大智与小智之间的碰撞。我们知道，明暗之区别在于一道看不见的神秘线。这道线是两股势力对抗的战场。人与人之间，冲突与竞争在所难免，面对竞争，你应当学会站在明处，冷眼旁观，以静制动；面对冲突，你便要学会站在暗处，以动制静，击中对手的薄弱环节。这叫在明暗之中较量高低。

有些时候，在明暗中较量高低绝不可少！天下事总有许多出人意料的，如找不到关键，发现不了其动机，是很难得手的；相反，如果直击要害，则会势如破竹。与人打交道其理相同，看透人需要智慧，看透之后在适当时候出手就是一种艺术了。

所以说，在不了解你的对手之前，需冷眼旁观，先窥探对手的实力如何，知己知彼了，你才能应付自如，只有这样，你才会百战不殆！

03 做生活中的"福尔摩斯"

大侦探福尔摩斯破案的故事，已广为流传，脍炙人口。形形色色、离奇古怪的复杂疑案，一经福尔摩斯的侦察分析，蛛丝马迹毕现，真相大白。在作家柯南·道尔的笔下，福尔摩斯完全是一个学识渊博、观察力非凡的人。

有一次，福尔摩斯同他的助手华生同时鉴别一块刚刚得到的怀表。华生的鉴别仅仅停留在怀表的指针、刻度的设计和造型上，不能发现一丝线索。而福尔摩斯凭借手中的放大镜，看到了表壳背面的两个字母、4个数字和钥匙孔周围布满的上千条错乱的划痕。经过周密的思考，福尔摩斯认为：那两个字母表示主人的姓氏；4个数字是伦敦的当铺的当票号码，表明怀表的主人常常穷困潦倒；而钥匙孔周围布满的上千条错乱的划痕，则说明怀表的主人在把钥匙插进孔去给表上弦的时候手腕总是在颤抖，因而这个人多半是个嗜酒成性的醉汉……

福尔摩斯在破案过程中，没有只着眼于这只怀表的新旧程度和价值，而是紧紧抓住那些与案件有本质联系的细节，进行深入细致的观察。观察是一种有目的、有计划、有步骤的知觉，它通过眼睛看、耳朵听、鼻子闻、嘴巴尝、手摸等去有目的地认识周围事物，这既是一个主体去感知客观世界的过程，更是个人主观的思维活动过程，最后归结为主客体的双向交互。在这当中，视觉起着重要的作用，有90%的外界信息是通过视觉这个渠道进入人脑的。因此，也可以把"观察"理解为"观看"与"考察"。

一个人的观察能力与他的知识、经验以及对客体的兴趣有着密切关系。对于同一块怀表，福尔摩斯之所以能够比华生看到的更多，理解得更深，一下子就能抓住那些不大明显，然而却是本质的特征，正是因为他们有着不同的知识和经验。

人的观察能力是可以培养的，那么怎样培养自己的观察能力呢？

第一，要有明确的观察任务。在确定任务的时候，可以把总任务分解为一系列细小的和逐步解决的任务。这样可以避免知觉的偶然性和自发性，提高观察的积极主动性。

第二，观察的成功与否主要依赖是否具备一定的知识、经验和技能。俗话说："谁知道的最多，谁就看得最多。"一位富有学识的考古学家，能够在一片残缺不全的乌龟壳（甲骨）上，发现不少重要而有趣的东西，如果是一个门外汉，必然一无所得。

第三，观察应当有顺序、有系统地进行。这样才能看到事物各个部分之间的联系，而不至于遗漏某些重要的特征。

第四，要设法使更多的感觉器官参与认识事物的活动。这样一来，不仅可以获得事物各方面的感性知识，而且所得到的印象也是深刻而全面的。

第五，观察时应当做好记录。"好记性不如烂笔头"，这不仅对于收集和整理所观察到的事实是十分必要和有益的，而且也是促进准确观察的宝贵方法。

我们在生活中每天都需要与人进行交流，掌握准确地观察人的方法，培养自己的观察能力，使自己进一步把握好人际交往中的微妙关系，这样方能在芸芸众生中脱颖而出，成为人际交往中的焦点人物。

04 让对方的举止都在你的预料之中

齐桓公与管仲及其他的大臣一起在朝堂上商议讨伐卫国的事情，退朝回宫后，正巧有一个卫国国王的妃子前来拜见他，这个妃子见到齐桓公拜了又拜，态度十分恭敬，同时还替卫国国君请罪说："我国国君不懂礼数，请您饶恕他的过错吧。"齐桓公心中纳闷，自己又没有把攻打卫国的消息透露给她，她是如何知道自己的心思的呢？于是，就问她说："你为什么这样一心为你国国君请罪呢？"那个妃子答道："我刚刚看到您下朝回来，一副趾高气扬的样子，我就猜想您一定是要讨伐某个国家，因而才表现出如此的盛气凌人。而我卫国是个小国，又与多个国家接壤，各国都想攻打我们，齐国也不例外。当您见到我的时候，脸色就变了，这又进一步证明了您有攻打我国之心啊。"齐桓公听后很佩服这个妃子的眼力和智慧。

于是，第二天上朝，见到管仲，齐桓公亲自给他作揖，然后把他拉到后堂，请他坐下。管仲一看齐桓公这样的举动，就知道他一定有事情要说。于是，管仲问他说："君王放弃攻打卫国的打算了吗？"齐桓公问："仲父，您是怎么知道的？"管仲拱手说："君王的拱手礼很恭敬，说话缓慢，见到我好像面有愧色，我就知道您改变主意了。"

又有一次，齐桓公与管仲谋划讨伐莒国的事情，计谋还没有商定，国内已经有所流传，齐桓公十分奇怪，将此事问管仲，管仲说："国中一定有圣人在啊。"齐桓公感叹地说："哦，白天我雇来干活的人中，有一个手拿拓杵舂米，眼睛向上看的人，我想您所说的圣人应该是他吧。"于是，就让人召那个人进来。不一会，那个人就低着头进来了。管仲看了那人一眼，便对齐桓公说："这人一定是圣人了。"于是吩咐专门迎接宾客的迎宾队按照当时迎接智慧的人的礼仪迎接这个人。管仲问他说："你说过我齐国要讨伐莒国的事吗？"他回答说："是的。"管仲显得很生气，又问："我从来就没宣布要打莒国，你为什么擅自说我要打莒国？"他从容地回答说："君子善于谋划，小人善于揣摩，这是我自己猜到的。"管仲问："我没说攻打莒国，你是怎么臆断的？"他回答说："我听说君子有三种主要表情——悠然欣赏的样子是庆典的表情；忧郁清冷的样子是服丧的表情；红光满面的样子是打仗的表情。白天我看君王在台上坐着的时候，红光满面，精神焕发，是打仗的表情。君王唏嘘长出气却没有出声，看口型应该是说莒国，君王举起手远指，也应该是指向莒国的方向。我私下认为小诸侯国中不服君王的只有莒国。因此，我就这样说了。"

人有时需要的洞察力仅仅只是从细微着眼，观察对方的一举一动，而不需要太过高深的智谋。面对"春秋五霸"的齐桓公，卫王妃如此，春米人如此，甚至连辅佐齐桓公的管仲亦如此。

生活中有许多简单的道理蕴涵着很丰富的内涵。你不必去追求什么高深的道理，只要掌握最基本的道理，并将其运用自如，就能发挥出最大的效用。

同时，善于从他人的表情变化猜测对方的心理，也是管仲的智慧。一个人的表情发生变化，就说明他的内心也在发生变化，你要根据这些变化，判断对方的心思，从而改变自己的应对策略。

05 细枝末节才是成败的胜负手

春秋时期，郑国的子产是个出色的政治改革家，他曾经创立按"丘"征"赋"的制度，铸"刑书"（即法律条文）于鼎，不毁乡校，以听取"国人"意见。他还着意整顿田地疆界和沟壑，发展农业生产，给郑国带来了新的气象。不仅如此，子产还是一个"明察秋毫，见微知著"的断狱能手。他精明强干、善于观察，任何细微之事他都能观察得到，因此在判断事物是非曲直方面，常常有自己独到的见解。

有一天早晨，子产坐着车子出门，经过一户人家时，听到里面有女人哭的声音。子产忙令车夫停下来，仔细听了听。车夫听到院中女人的哭声，忙说："哎呀，这个妇人的哭声好凄惨啊，是不是家里人出了什么事情了？"子产说："你进去看一看，到底是怎么回事。"车夫忙下车，推开门，只见床上躺着一个男人的尸体，那个男人显然是被人毒死的，只见他的脸已经扭曲，口角还有未擦干净的血迹，脸色也不正常，浑身青紫色。一个妇人正趴在床前不住地哭嚎，她的哭声是那么的凄惨，以至于车夫和其他来看的人都被感动了，也禁不住落下泪来。车夫劝她不要悲伤，赶快去报官，还说自己家主人子产就是当地的地方官，一定会为她申冤的。

妇人听了车夫的话，哭得更加伤心了。她边哭边说："我和我男人开了个包子铺，日子虽然不十分富裕，但还过得去，不至于饿肚子。我男人虽然长相不太好，但勤劳能干，我们两个的日子过得挺好。我男人的父母早死，就剩下他和他兄弟，他兄弟小的时候就送给了别人，可是前些日子我那小叔子回来了，说是他养父母已经死了，自己没有亲人了，就回来投靠我们。我们待他很好，让他在我们的包子铺帮忙。可是……可是……他竟然……竟然不满意，呜呜……呜呜。"那妇人说着说着又哭了起来，车夫忙安慰她，她继续说道："我那小叔子嫌我们不给他钱出去喝酒，就和我男人起了争执，而且吵了好几次，最后，他竟然拿我们辛辛苦苦存的钱跑了，还在我男人喝的酒里面下了毒，呜呜……呜呜……"那妇人越说越伤心，以致再也说不下去了。

车夫基本了解了案情，就回来向子产报告，重复了一遍刚才那妇人的话。子产只是点点头，并不说话。

到了府中，那妇人前来报官，子产命人把那妇人带到堂前，让她陈述案情。

那妇人又连哭带说陈述了一遍，一副十分难过的样子。

子产听完，大声喝道："大胆刁妇，还敢说谎，毒死你男人的不是别人，就是你！你的小叔子是不是也被你毒死了？"

那妇人被子产的话惊呆了，她顿了一下，连忙说："大人，冤枉啊，我怎么会杀死我的丈夫和小叔子呢？您明察啊！"说着又哭了起来。子产厉声喝道："好歹毒的妇人，你若再不说我就大刑伺候！"

那妇人听说用刑就大喊："冤枉啊！冤枉啊！"

子产身边的侍卫看那妇人好像真的是受委屈的样子，就对子产说："大人，您看那妇人哭得那么伤心，您有什么根据怀疑那个妇人就是杀人凶手呢？"

子产说道："好吧，我现在就拿出证据，让你们心服口服。"

子产冲着那妇人说："大胆刁妇，今天早上我经过你家门前时，听到了你的哭声，旁人听起来觉得你哭得很伤心。可是，我仔细听了一下，发现你的哭声中带着一种非常强烈的恐惧情绪。大凡一个人对其所亲所爱的人，见其病而忧，其临死而惧，其已死而哀。如今，你的丈夫已经死了，你不是悲哀，而是恐惧，这当然是不符合常规的。"子产身边的侍卫都点头称是，而那妇人也被说得哑口无言，再也不敢有什么争辩，只好老实交代了自己的杀人罪行。

中国有句形容人英明的话，叫做"明察秋毫之末"。秋毫之末，比针尖还细，但有些事情本质的区别，往往存在于秋毫之末。审理案件者所面临的情况往往很复杂，虚实相间，真假难辨，这就需要审理者能做到"先知"。所谓"先知"就是要进行调查，了解案情。子产就是因为辨事精微、观察详细，做到了"先知"，才能准确地断案。

生活中，有许多事物展现给你的不是它最本质的东西，你要善于观察，发现它的本质，才不至于犯错误，才能准确抓住事情的根本，从而确定正确的解决办法。

06 用自己的心来看清一个人

　　春秋时期，楚国太子建因为在众王子的权力斗争中不幸失败，而被其他王子取代。为了防止他东山再起，他日前来寻仇，新的太子便秘密派人将建杀死在郑国。太子建被废后，他的家人死的死，逃的逃。建的儿子胜，担心新太子会斩草除根，将自己杀了，就跑到吴国隐居起来，表现出一副与世无争的态度。让人觉得他没有丝毫野心，淡泊名利。

　　楚国令尹子西对胜有一定的了解，他认为胜还是个值得一用的人才，于是便想把他召回来，为国效力。大臣沈子高听说了这件事情，便去劝阻子西。沈子高见了子西，问道："听说您想要召回胜，有这回事吗？"子西说："是啊。"沈子高又问："您准备怎么用他呢？"子西又答道："我听说胜这个人为人耿直刚强，而且我也曾经和他接触过，对他有一定的了解，我觉得他是个人才，一定可以为国效力。"沈子高连忙阻止道："不行啊！我听说胜这个人心地狭窄，为人狡诈，犯上作乱，他的父亲建被楚国废黜后秘密谋杀的，他又是那样一个性格孤傲急躁的人，他一定不会忘记自己父亲被杀的宿怨。现在他没有报仇的机会，以后一旦他得了机会一定会报仇的。"子西说："不会的，杀胜的父亲的人现在已经不在了，他还怎么报仇？"沈子高继续说："虽然现在造成胜的旧怨的人已不在人世了，但是，如果他回来后不能得到宠爱，他内心必然会不舒服，从而使他的愤怒的情绪更加激烈；如果他得到了宠爱，他就会贪得无厌，寻机报仇；而一旦我们国内出了什么事情，他一定不会老老实实地待在边境，他一定会趁着内乱，伺机寻衅闹事。"子西不以为然，沈子高继续说道："我听人说，国家将要灭亡，必然会用小人。而现在赏识小人的，不就是您吗？再说，人谁没有灾病呢？智者不过是能早日将它除掉罢了。胜的父亲被杀的宿怨，是国家的一大隐患。如今我们应该是关上城门，防止他回来报仇。而像您这样公然地把他召回来，这不是引狼入室吗？我看您离死期没有多长时间了。"

　　子西听了很不高兴，认为沈子高这是危言耸听，难道自己连人都看不清吗？他越想越觉得沈子高是杞人忧天。于是，他毅然把胜接回了国，并委以重任，让他掌管了与吴国接壤的边防军队，还封他为白公。胜当时对子西感激涕零，跪下来发誓要一生效忠于子西，一定会为他鞠躬尽瘁。而子西则认为自己慧眼识英雄，心里得意极了。

　　胜自从控制了边防军队后，就加紧操练部队，使自己的部队战斗力大大提升，子西看着胜为自己这样卖命，愈发喜欢他，不断地给他奖赏。后来，胜带领自己的部队打败了吴国军队，子西大喜。胜就趁此机会，要求回到都城向楚王敬献战利品，楚王同意了，还为他准备了盛大的庆功宴会。胜趁着这个机会，带着自己的部队发动叛乱，在朝堂上亲手杀了子西和楚王，为自己父亲报了仇。而这些都被沈子高言中了，子西是自讨苦吃啊！

　　看一个人不能简简单单地从这个人的外表看，而应该深入分析他的性格，看到他的内心。外表的东西有很多都是假相，只有内心的东西才是真的。所以，在我们的生活中，尤其是在交友的过程中，千万不可以貌取人。

　　子西坚决要胜回国就是因为他只看到了胜外表的刚强耿直，而没有看到沈子高所看到的，胜的心胸狭窄、为人狡猾等，本来胜的父亲被杀，他心中就充满了愤怒，只不过不表现出来罢了，对于这样一个心胸狭窄的人来说，一定不会忘记杀父之仇，一定会伺机报复。而子西要胜回国，明显是自己给自己找麻烦。

看事物要看他的本质，然而，本质的东西是不容易被发掘的，但是，只要你有一颗善于发现、善于分析、善于观察的心，你就一定透过迷雾看到本质。

*07*万物有理，做事也有"理"

常言道：万物有理，四时有序。这里的"序"，是顺序、次序、程序的意思。自然界是这样，人类社会也是这样。序，就是事物发生发展、运动变化的过程和步骤，是客观规律的体现。反映到实际工作中，它要求我们做事情必须讲程序。

对于程序及其重要性，长期以来存在着某些片面的认识。有人认为程序属于形式，没有内容那么重要；有人觉得程序是细枝末节，可有可无；有人甚至把程序当做繁文缛节，不但不重视，而且很反感。由此而来，现实生活中不讲程序、违反程序的现象屡见不鲜，结果既影响做事的质量和效率，又容易助长不正之风，给工作和事业带来损失。

为什么做事要讲程序呢？我们不妨从程序的客观性来做一些分析。事物存在的基本形式是空间和时间，事物的发展变化都是在一定的空间和时间上展开的。事物的发展变化，从空间方面看，可以分解为若干个组成部分；从时间方面看，各个部分都要占用一定的时间并具有一定的次序。比如"种植"这一行为，就可以分解为播种、施肥、灌溉、收割等部分，这些部分均需占用一定的时间，并且有相应的先后次序。如果不在一定的时间播种，或者把收获和施肥的次序颠倒，那么种植行为就无法达到预期的目的。所以，顺时而动，不违农时，是务农必须遵守的程序。尊重程序，实质上是尊重规律。这就是做事情需要讲程序的道理所在。

效率往往就是从简化开始的。把事情化繁为简的一个关键是抓住事物的主要矛盾。永远要记住杂乱无章是一种必须祛除的坏习惯。

罗马的哲学家西加尼曾经说过"没有人能背着行李游到岸上"。在坐火车和坐飞机时，超重的行李会让你多花很多钱。在生活的旅途上，过多的行李让你付出的代价甚至还不仅仅是金钱。你可能不会像没有负担那样迅速地实现你的目标；更糟的是，你可能永远都不会实现你的目标。这不仅会剥夺你的满足感和快乐，而且最终它还会让你发疯。

纵观人类发展史，效率往往就是从简化开始的。赵武灵王提倡"胡服骑射"，结束了"战车时代"，靠简化在军事上作出了卓越贡献。秦始皇统一文字，统一货币，统一度量衡，靠简化推进了社会的进步。在当今科学技术、社会发展日新月异的时代，用简化的方法提高效率，加速自我致富的步伐，仍然具有重要意义。

有这样两种类型的人：一种是善于把复杂的事物简单化，办事又快又好；另一种是把简单的事物复杂化，使事情越办越糟。当我们让事情保持简单的时候，生活显然会轻松很多。不幸的是，倘若人们需要在简单的做事方法和复杂的做事方法之间进行选择，我们中的大部分人都会选择那个复杂的方法。如果没有什么复杂的方法可以利用的话，那么有些人甚至会花时间去发明出来。这也许看起来很荒谬，但真有不少这样的事。很多勤奋人就在做这样的事。

我们没有必要把自己的工作变得更复杂。爱因斯坦说："每件事情都应该尽可能地简单，如果不能更简单的话。"我们不必担心人们会让他们生活中的事情变得太简单。问题刚好相反：大部分人把他们的生活变得太复杂化，而且还总奇怪为什么他们有这么多令人头疼的事情和大麻烦。他们恰恰是那些外表看起来很勤奋的人。

有很多人沉迷于找到许多方法使个人生活和业务变得复杂化。他们在追求那些不会给他们带来任何回报的事情上浪费了大量的金钱、时间和精力。他们和那些对他们毫无益处的人待在一起。在某种程度上这简直像受虐狂。

许多人都趋于把自己的工作变得更困难和复杂。他们快被自己的垃圾和杂物活埋了，那就是他们的物质财产、与工作相关的活动、家庭事务、思想和情绪。这些人无法实现像他们所希望的那么成功，原因是他们给自己制造了太多的干扰。

把事情化繁为简的一个关键是抓住事物的主要矛盾。必须善于在纷纭复杂的事物中，抓住主要环节不放，"快刀斩乱麻"，使复杂的状况变得有脉络可寻，从而使问题易于得到解决。

同时它还意味着要善于排除工作中的主要障碍。主要障碍就像瓶颈堵塞一样，必须打通，否则工作就会"卡壳"，耗费许多不必要的时间和精力。

永远要记住，杂乱无章是一种必须祛除的坏习惯。有些人将"杂乱"作为一种行事方式，他们以为这是一种随意的个人风格。他们的办公桌上经常放着一大堆乱七八糟的文件。他们好像以为东西多了，那些最重要的事情总会自动"浮现"出来。对某些人来说他们的这个习惯已根深蒂固，如果我们非要这类人把办公桌整理得井然有序，他们很可能会觉得像穿上了一件"紧身衣"那样难受。不过，通常这些人能在东西放得这么杂乱的办公桌上把事情做好，很大程度上是得益于一个有条理的秘书或助手，弥补了他们这个杂乱无章的缺点。

但是，在多数情况下，杂乱无章只会给工作带来混乱和低效率。它会阻碍你把精神集中在某单项工作上，因为当你正在做某项工作的时候，你的视线不由自主地会被其他事物吸引过去。另外，办公桌上东西杂乱也会在你的潜意识里制造出一种紧张和挫折感，你会觉得一切都缺乏组织，会感到被压得透不过气来。

如果你发觉你的办公桌上经常一片杂乱，你就要花时间整理一下。把所有文件堆成一堆，然后逐一检视（大大地利用你的废纸篓），并且按照以下4个方面的程度将它们分类：即刻办理；次优先；待办；阅读材料。

把最优先的事项从原来的乱堆中找出来，并放在办公桌的中央，然后把其他文件放到你视线以外的地方——旁边的桌子上或抽屉里。把最优先的待办件留在桌子上的目的是提醒你不要忽视它们。但是你要记住，你一次只能想一件事情，做一件工作。因此你要选出最重要的事情，并把所有精神集中在这件事上，直到把它做好为止。

每天下班离开办公室之前，把办公桌完全清理好，或至少整理一下。而且每天按一定的标准进行整理，这样会使第二天有一个好的开始。

不要把一些小东西——全家福照片、纪念品、钟表、温度计以及其他东西过多地放在办公桌上。它们既占据你的空间也分散你的注意力。

每个坐在办公桌前的人都需要有某种办法来及时提醒自己一天中要办的事项。电视演员在拍戏时，常常借助各种记忆法，使自己记住如何叙说台词和进行表演。你也可以试试。这时日历也许很有帮助，但是最好的办法可能是实行一种待办事项档案卡片（袋）制度，一个月每一天都有一个卡片（袋），再用些袋子记载以后月份待办事项（卡片）。要处理大量文件的办公室当然就需要设计出一种更严格的制度。

此外最好对时间进行统筹，比如到办公室后，有一系列事务和工作需要做，可以给这些事务和工作安排好时间：收拾整理办公桌3分钟；整理一天工作计划的安排5分钟；对关于某报告的起草15分钟，等等。

总之，那些容易把事情复杂化的无数人应该学会的一种能力是：清楚地洞察一件事情的要点在哪里，哪些是不必要的繁文缛节，然后用快刀斩乱麻的方式把它们简单化。这样不知要节省多少时间和精力，从而能大大提高你的效率。

乱中有序，抓住重点，才能集中精力办大事。

第八章

"调转船头"和雷厉风行，你选哪个

无法接近你真正的人生目标。但对大多数人来说，行动的死敌是犹豫不决，即碰到问题，总是不能当机立断，思前想后，从而失去最佳的机遇。这是我们在追求事业的途中必须努力战胜的缺点。

01 想要成功，先要行动起来

听说英国皇家学院公开张榜为大名鼎鼎的戴维教授选拔科研助手，年轻的装订工人法拉第激动不已，赶忙到选拔委员会报了名。但临近选拔考试的前一天，法拉第被意外通知，取消他的考试资格，因为他是一个普通工人。

法拉第愣了，他气愤地赶到选拔委员会，委员们傲慢地嘲笑说："没有办法，一个普通的装订工人想到皇家学院来，除非你能得到戴维教授的同意！"

法拉第犹豫了。如果不能见到戴维教授，自己就没办法参加选拔考试。但一个普通的工人要想见大名鼎鼎的皇家学院教授，他会理睬吗？

法拉第顾虑重重，但为了自己的人生梦想，他还是鼓足了勇气站到戴维教授的大门口。教授家的门扉紧闭着，法拉第在教授家门前徘徊了好久。终于，教授家的大门被一颗胆怯的心叩响了。

院子里没有声响，当法拉第准备第二次叩门的时候，门却"吱呀"一声开了。一位面色红润、须发皆白、精神矍铄的老者正注视着法拉第，"门没有闩，请你进来。"老者微笑着对法拉第说。

"教授家的大门整天不闩吗？"法拉第疑惑地问。

"干吗要闩上呢？"老者笑着说，"当你把别人闩在门外的时候，也就把自己闩在了屋里。我才不要当这样的傻瓜呢。"

老者就是戴维教授。他将法拉第带到屋里坐下，聆听了这个年轻人的叙说和要求后，写了一张纸条递给法拉第："年轻人，你带着这张纸条去，告诉委员会的那帮人说戴维老头同意了。"

经过严格而激烈的选拔考试，书籍装订工法拉第出人意料地成了戴维教授的科研助手，走进了英国皇家学院那高贵而华美的大门。

成功的大门对每个人来说，都是永远敞开的。但是太多的人从它面前匆匆而过，因为怯懦的他们认为它是锁着的，开启它需要知识、经验、背景等等，但少数精英走过去才发现，成功需要的仅仅是勇敢的行动。

02 心有多大，舞台就有多大

一个具有崇高生活理想和奋斗目标的人，毫无疑问会比一个根本没有目标的人更有作为和成就。中国古人早就说过："取法上者得乎中，取法中者得乎下，取法下者得乎无。"而西方也有这样一句谚语："想扯住金制长袍的人，或许可能得到一只金袖子。"

从前有两个人，他们都想到远方去，一个人想到日本，一个人想到美洲。他们同时从蓬莱出海，结果两人都没有到达目的地。但想到美洲去的人到达了日本，而想到日本去的人只到了朝鲜半岛。

那些志向远大、敢于想象的人，所取得的成就必定是远远超出起点；一个理想高、目标大的人，即使没有实现最终的理想和目标，但其实际达到的目标，都要比理想低、目标小的人最终达到的目标还大。

因此，任何人要想获得成功，首先必须敢想才行，也就是要敢于想象自己的未来，把自己的理想和目标提升起来，而不要退缩在一个蹩脚的、狭小的角落。

可以肯定地说，卓越的人生都是崇高理想的产物。不过，这只是问题的一个方面；另一个不容忽视的方面是，只敢想而不敢做或不愿做的人，也不会拥有成功。

有一位满脑子都是智慧的教授和一位文盲相邻而居。尽管两人地位悬殊，知识、性格更是有着天渊之别，可是他们都有一个共同的目标：如何尽快发财致富。

每天，教授都跷着二郎腿在那里大谈特谈他的"致富经"，文盲则在旁边虔诚地洗耳恭听。他非常钦佩教授的学识和智慧，并且按照教授的致富设想去付诸实际行动。

几年后，文盲真的成了一位货真价实的百万富翁。而那位教授呢？他依然是囊空如洗，还在那里每天空谈他的致富理论。

成功在于意念，更在于行动。其实，相对于付诸行动来说，制定目标倒是更容易的。许多人都为自己制定了人生目标，从这一点上说似乎人人都像一个战略家。但是，相当多的人制定了目标之后却没有落实下去，不敢采取行动，结果到头来仍是一事无成。敢想和敢做，是促使人走向成功的一对孪生兄弟，二者相辅相成，缺一不可。

03 芝麻西瓜一把抓，只会事倍功半

我们要立马做的事就是最重要最紧急的事，来不得任何拖延。做完了一件事后又可依此方法对下面的事进行分类。那么我们依据什么来分清轻重缓急，设定优先顺序呢？

成功人士都是以分清主次的办法来统筹时间，把时间用在最有"生产力"的地方。

面对每天大大小小、纷繁复杂的事情，如何分清主次，把时间用在最有生产力的地方，有3个判断标准：

1. 我必须做什么。

这有两层意思：是否必须做，是否必须由我做。非做不可，但并非一定要你亲自做的事情，可以委派别人去做，自己只负责督促。

2. 什么能给我最高回报。

应该用80%的时间做能带来最高回报的事情，而用20%的时间做其他事情。

所谓"最高回报"的事情，即是符合"目标要求"或自己会比别人干得更高效的事情。

前些年，日本大多数企业家还把下班后加班加点的人视为最好的员工，如今却不一定了。他们认为一个员工靠加班加点来完成工作，说明他很可能不具备在规定时间内完成任务的能力，工作效率低下。社会只承认有效劳动。

因此，勤奋＝效率＝成绩／时间

勤奋已经不是时间长的代名词，勤奋是最少的时间内完成最多的目标。

3.什么能给我最大的满足感。

最高回报的事情，并非都能给自己最大的满足感，均衡才有和谐满足。因此，无论你地位如何，总需要分配时间于令人满足和快乐的事情，唯如此，工作才是有趣的，并易保持工作的热情。

通过以上"三层过滤"，事情的轻重缓急很清楚了，然后，以重要性优先排序（注意，人们总有不按重要性顺序办事的倾向），并坚持按这个原则去做，你将会发现，再没有其他办法比按重要性办事更能有效利用时间了。

练习分清事情的轻重缓急，逐步学习安排整块与零散时间。不要避重就轻。事情肯定会有轻重缓急，先集中时间，把最重要的先完成，不重要的拖拉了自己也不后怕。利用好零散的时间做事，可以不知不觉中完成繁琐的杂务。这一步最重要的是不要怕做难做的事。

04 把自己的目标跟行动"双剑合璧"

"快、快、快，为了生命加快步伐。"这句话常常出现在英国亨利八世统治时代的留言条上警示人们，旁边往往还附有一幅图画，上面是没有准时把信送到的信差在绞刑架上挣扎。当时还没有邮政事业，信件都是由政府派出的信差发送的，如果在路上延误要被处以绞刑。

在古老的、生活节奏缓慢的马车时代，用一个月的时间历经路途遥远而危险的跋涉才能走完的路程，我们现在只要几个小时就可以穿越。但即使在那样的年代，不必要的耽搁也是犯罪。文明社会的一大进步是对时间的准确测量和利用。我们现在一个小时可以完成的任务是 100 年前的人们 20 个小时的工作量。

成功有一对相貌平平的双亲——守时与精确。每个人的成功故事都取决于某个关键时刻，在这个时刻来临一旦犹豫不决或退缩不前，机遇就会失之交臂，再也不会重新出现。马萨诸塞州的州长安德鲁在 1861 年 3 月 3 日给林肯的信中写道："我们接到你们的宣言后，就马上开战，尽我们的所能，全力以赴。我们相信这样做是美国和美国人民的意愿，我们完全废弃了所有的繁文缛节。"1861 年 4 月 15 日那天是星期一，他在上午从华盛顿的军队那边收到电报，而第二个星期天上午 9 点钟他就作了这样的记录："所有要求从马萨诸塞出动的兵力已经驻扎在华盛顿与门罗要塞附近，或者正在去往保卫首都的路上。"

安德鲁州长说："我的第一个问题是采取什么行动，如果这个问题得到回答，第二个问题就是下一步该干什么。"

英国社会改革家乔治·罗斯金说："从根本上说，人生的整个青年阶段，是一个人个性成型、沉思默想和希望受到指引的阶段。青年阶段无时无刻不受到命运的摆布——某个时刻一旦过去，指定的工作就永远无法完成，或者说如果没有趁热打铁，某种任务也许永远都无法完工。"

拿破仑非常重视"黄金时间"，他知道，每场战役都有"关键时刻"，把握住这一时刻意味着战争的胜利，稍有犹豫就会导致灾难性的结局。拿破仑说，之所以能打败奥地利军队，是因为奥地利人不懂得 5 分钟的价值。据说，在滑铁卢企图击败拿破仑的战役中，那个性命攸关的上午，他自己和格鲁希因为晚了 5 分钟而惨遭失败。布吕歇尔按时到达，而格鲁希晚了一点。就因为这一小段时间，拿破仑就送到了圣赫勒拿岛上，从而使成千上万人的命运发生了改变。

　　有一句家喻户晓的俗语几乎可以成为很多人的格言警句，那就是：任何时候都可以做的事情往往永远都不会有时间去做。化公为私的非洲协会想派旅行家利亚德到非洲去，人们问他什么时候可以出发。他回答说："明天早上。"当有人问约翰·杰维斯。即后来著名的温莎公爵，他的船什么时候可以加入战斗，他回答说："现在。"科林·坎贝尔被任命为驻印军队的总指挥，在被问及什么时候可以派部队出发时，他毫不迟疑地说："明天。"

　　与其费尽心思地把今天可以完成的任务千方百计地拖到明天，还不如用这些精力把工作做完。而任务拖得越后就越难以完成，做事的态度就越是勉强。在心情愉快或热情高涨时可以完成的工作，被推迟几天或几个星期后，就会变成苦不堪言的负担。在收到信件时没有马上回复，以后再拣起来回信就不那么容易了。许多大公司都有这样的制度：所有信件都必须当天回复。

　　当机立断常常可以避免做事情的乏味和无趣。拖延则通常意味着逃避，其结果往往就是不了了之。做事情就像春天播种一样，如果没有在适当的季节行动，以后就没有合适的时机了。无论夏天有多长，也无法使春天被耽搁的事情得以完成。某颗星的运转即使仅仅晚了一秒，它也会使整个宇宙陷入混乱，后果不可收拾。

　　"没有任何时刻像现在这样重要，"爱尔兰女作家玛丽·埃及奇沃斯说，"不仅如此，没有现在这一刻，任何时间都不会存在。没有任何一种力量或能量不是在现在这一刻发挥着作用。如果一个人没有趁着热情高昂的时候采取果断的行动，以后他就再也没有实现这些愿望的可能了。所有的希望都会消磨，都会淹没在日常生活的琐碎忙碌中，或者会在懒散消沉中流逝。"

　　永远不要错过做事情的最佳时机，那就是现在。

05 行动是通往成功彼岸的唯一的船

　　有一位名叫西尔维亚的美国女孩，她的父亲是波士顿有名的整形外科医生，母亲在一家声誉很高的大学担任教授。她的家庭对她有很大的帮助和支持，她完全有机会实现自己的理想。她从念中学的时候起，就一直梦寐以求地想当电视节目的主持人。她觉得自己具有这方面的才干，因为每当她和别人相处时，即使是生人也都愿意亲近她并和她长谈。她知道怎样从人家嘴里"掏出心里话"。她的朋友们称她是他们的"亲密的随身精神医生"。她自己常说："只要有人愿给我一次上电视的机会，我相信一定能成功。"

　　但是，她为达到这个理想而做了些什么呢？其实什么也没有。她在等待奇迹出现，希望一下子就当上电视节目的主持人。

　　西尔维亚不切实际地期待着，结果什么奇迹也没有出现。谁也不会请一个毫无经验的人去担任电视节目主持人。而且节目的主管也没兴趣跑到外面去搜寻天才，都是别人去找他们。另一个名叫辛迪的女孩却实现了西尔维亚的理想，成了著名的电视节目主持人。辛迪之所以会成功，就是因为她知道，"天下没有免费的午餐"，一切成功都要靠自己的努力去争取。她不像西尔维亚那样有可靠的经济来源，所以没有白白地等待机会出现。她白天去做工，晚上在大学的舞台艺术系上夜校。毕业之后，她开始谋职，跑遍了洛杉矶每一个广播电台和电视台。但是，每个地方的经理对她的答复都差不多："不是已经有几年经验的人，我们不会雇用的。"

但是，辛迪没有退缩，也没有等待机会，而是走出去寻找机会。她一连几个月仔细阅读广播电视方面的杂志，最后终于看到一则招聘广告：北达科他州有一家很小的电视台招聘一名预报天气的女孩子。

辛迪是加州人，不喜欢北方。但是，有没有阳光，是不是下雨都没有关系，她希望找到一份和电视有关的职业，干什么都行。她抓住这个工作机会，动身到北达科他州。

辛迪在那里工作了两年，最后在洛杉矶的电视台找到了一个工作。又过了5年，她终于得到提升，成为她梦想已久的节目主持人。

为什么西尔维亚失败了，而辛迪却如愿以偿呢？西尔维亚那种失败者的思路和辛迪的成功者的观点正好背道而驰。分歧点就是：西尔维亚在10年当中，一直停留在幻想上，坐等机会；而辛迪则是采取行动，最后，终于实现了理想。

只要幻想不采取行动的人，永远不会成功。而行动是实现理想的唯一途径。

06 将计划"肢解"，各个击破它

1984年，在东京国际马拉松邀请赛中，名不见经传的日本选手山田本一出人意外地夺得了世界冠军。当记者问他凭什么取得如此惊人的成绩时，他说了这么一句话：凭智慧战胜对手。

当时许多人都认为这个偶然跑到前面的矮个子选手是在故弄玄虚。马拉松赛是体力和耐力的运动，只要身体素质好又有耐性就有望夺冠，爆发力和速度都还在其次，说用智慧取胜确实有点勉强。

两年后，意大利国际马拉松邀请赛在意大利北部城市米兰举行，山田本一代表日本参加比赛。这一次，他又获得了世界冠军。记者又请他谈谈经验。

山田本一性情木讷，不善言谈，回答的仍是上次那句话：用智慧战胜对手。这回记者在报纸上没再挖苦他，但对他所谓的智慧迷惑不解。

10年后，这个谜终于被解开了，他在自传中是这么说的：

"每次比赛之前，我都要乘车把比赛的线路仔细地看一遍，并把沿途比较醒目的标志画下来，比如第一个标志是银行；第二个标志是一棵大树；第三个标志是一座红房子……这样一直画到赛程的终点。比赛开始后，我就以百米的速度奋力地向第一个目标冲去，等到达第一个目标后，我又以同样的速度向第二个目标冲去。40多公里的赛程，就被我分解成这么几个小目标轻松地跑完了。起初，我并不懂这样的道理，我把我的目标定在40多公里外终点线上的那面旗帜上，结果我跑到十几公里时就疲惫不堪了，我被前面那段遥远的路程给吓倒了。"

分段实现大目标真可谓是经验之谈，这一思想甚至适应于所有的"行业"。

报纸上曾经报道一位拥有100万美元的富翁，原来却是一位乞丐。在我们心中难免怀疑：依靠人们施舍一分一毛的人，为何却拥有如此巨额的存款？事实上，这些存款当然并非凭空得来，而是由一点点小额存款累聚而成。一分到10元，到千元，到万元，到百万，就这么积聚而成。若想靠乞讨很快存满100万美元，那几乎是不可能的。

曾经有一位63岁的老人从纽约市步行到了佛罗里达州的迈

阿密市。经过长途跋涉，克服了重重困难，她到达了迈阿密市。在那儿，有位记者采访了她。记者想知道，这路途中的艰难是否曾经吓倒过她？她是如何鼓起勇气，徒步旅行的？

老人答道："走一步路是不需要勇气的，我所做的就是这样。我先走了一步，接着再走一步，然后再一步，我就到了这里。"

是的，做任何事，只要你迈出了第一步，然后再一步步地走下去，你就会逐渐靠近你的目的地。如果你知道你的具体的目的地，而且向它迈出了第一步，你便走上了成功之路！

就像举重者练习举重之初，通常是先从他们举得动的重量开始，经过一段时间后，才慢慢增加重量。优良的拳击经理人，都是为他的拳师先安排较易对付的对手，而后逐渐地使他和较强的对手交锋。聪明的人为了要达成"主目标"，常会设定"次目标"，这样会比较容易完成"主目标"。许多人会因目标过于远大，或理想太过崇高而易于放弃，这是很可惜的。若设定"次目标"便可较快获得令人满意的成绩，能逐步完成"次目标"，心理上的压力也会随之减小，"主目标"总有一天也能完成。

行动起来，即使只完成了一个小目标，也离最终成功又近了一步。

07 墨守成规，失败就会找上门

在事业上，必须有勇于行动，一心奔赴目标，不墨守成规的智慧和勇气，才会战胜困难，取得成功。

有这样一个关于亚历山大大帝的故事：

亚历山大大帝在进军亚细亚之前，决定破解一个著名的预言。这个预言说的是谁能够将朱庇特神庙的一串复杂的绳结打开，谁就能够成为亚细亚的帝王。在亚历山大大帝破解这个预言之前，这个绳结已经难倒了各个国家的智者和国王。由于这个绳结的神秘性，能否打开这个绳结关系到军队的士气。

亚历山大大帝仔细观察着这个结。果然是天衣无缝，找不着任何绳头。这时，他灵光一闪："为什么不用自己的行动来打开这个绳结呢？！"

于是拔剑一挥，绳结一劈两半，这个保留了百年的难题就这样轻易地解决了。

亚历山大大帝勇于行动，一心奔赴目标，不墨守成规，显示了非常的智慧和勇气，注定了成就亚细亚王的伟业。

但丁在《神曲》里写下了一句千古名言：走自己的路，让别人去说吧！说的是作者但丁在古罗马著名诗人维吉尔的引导下，经历了九层地狱，正在朝着炼狱前行。突然有一个灵魂呼喊但丁，但丁回过头张望。

这时，维吉尔训斥道："你为什么要分散精力呢？为什么要放慢脚步呢？别人的窃窃私语与你有什么关系？走自己的路，让别人去说吧！要像一座卓然挺立的大树，不因暴风雨而弯腰。"

行动吧！朝着目标，不要左顾右盼，不要犹豫不决，不要拖延观望。

人们往往因为道理讲多了，就顾虑重重，不敢决断，以至于错失良机，甚至坐以待毙都不在少数。

正是有了这么多的"思想上的巨人，行动上的矮子"，才有了那么多的自叹自怨的人。他们常常抱怨，自己的潜能没有挖掘出来，自己没有机会施展才华。他们甚至都知道如何去施展才华和挖掘潜能，只不过没有行动罢了。思想只是一种潜在的力量，是有待开发的宝藏，而只有行动才是开启力量和财富之门的钥匙。

让自己行动起来也是一种能力。这种能力的增长来源于不断地和借口做斗争。通过斗争，培养自己识别借口的能力和战胜借口的勇气。

人们常用的借口有：太不好意思了；现在时机不到；恐怕太迟了；准备工作还没有做完；条件还不具备；恐怕会做砸；诸如此类。

这些说法是借口，还是事实，这恐怕只有天知道。因为就算是同一件事情，在不同的人眼中也有不同的观念和判断。

但是，不完美的开始胜过完美的犹豫。许多事情你不采取行动，可能它就永远不会时机成熟或者条件具备。对于勇敢的人来说，没有条件，他也能够创造条件，他的行动永远是最好的时机和条件。因为行动本身就是在创造条件和机会。

世界上最珍贵的事物都是那些行动中的人创造的。

08 为了梦想，请立即行动

大多数的人，在开始时都拥有很远大的梦想，因为缺乏立即行动的个性，梦想于是开始萎缩，种种消极与不可能的思想衍生，甚至于就此不敢再存任何梦想，过着随遇而安、乐于知命的平庸生活。这也是为何成功者总是占少数的原因。

有一个幽默大师曾说："每天最大的困难是离开温暖的被窝走到冰冷的房间。"他说得不错。当你躺在床上认为起床是件不愉快的事时，它就真的变成一件困难的事了。即使这么简单的起床动作，亦即把棉被掀开，同时把脚伸到地上的自动反应，都可以击退你的恐惧。

那些大有作为的人物都不会等到精神好的时候才去做事，而是推动自己的精神去做事的。

"现在"这个词对成功的妙用无穷，而用"明天"、"下个礼拜"、"以后"、"将来某个时候"或"有一天"，往往就是"永远做不到"的同义词。有很多好计划没有实现，只是因为应该说"我现在就去做，马上开始"的时候，却说"我将来有一天会开始去做"。

人人都认为储蓄是件好事。虽然它很好，但是并不表示人人都会依据有系统的储蓄计划去做。许多人都想要储蓄，只有少数人才真正做到。这里是一对年轻夫妇的储蓄经过。毕尔先生每个月的收入是1000美元，但是每个月的开销也要1000美元，收支刚好相抵。夫妇俩都很想储蓄，但是往往会找些理由使他们无法开始。他们说了好几年："加薪以后马上开始存钱"、"分期付款还清以后就要……"、"度过这次困难以后就要……"、"下个月就要"、"明年就要开始存钱。"

最后还是他太太珍妮不想再拖。她对毕尔说："你好好想想看，到底要不要存钱？"他说："当然要啊！但是现在省不下来呀？"

珍妮这一次下决心了。她接着说："我们想要存钱已经想了好几年，由于一直认为省不下，才一直没有储蓄，从现在开始要认为我们可以储蓄。我今天看到一个广告说，如果每个月存100美元，15年以后就有1.8万美元，外加6600美元的利息。广告又说：'先存钱，再花钱'比'先花钱，再存钱'容易得多。如果你真想储蓄，就把薪水的10%存起来，不可移作他用。我们说不定要靠饼干和牛奶过到月底，只要我们真的那么做，一定可以办到。"

他们为了存钱，起先几个月当然吃尽了苦头，尽量节省，才留出这笔预算。现在他们觉得"存钱跟花钱一样好玩"。

想不想写信给一个朋友？如果想，现在就去写。有没有想到一个对于生意大有帮助的计划？马上就开始。时时刻刻记着班哲明·富兰克林的话："今天可以做完的事不要拖到明天。"这也就是我们中国俗话所说的："今日事，今日毕。"

如果你时时想到"现在"，就会完成许多事情；如果常想"将来有一天"或"将来什么时候"，那就一事无成。

梦想是成功的起跑线，决心则是起跑时的枪声。行动犹如跑步者全力的奔驰，唯有坚持到最后一秒的，方能获得成功的锦标。

09 步骤安排的"万能法则"

对于管理者而言，往往不是直接处理某件事情，那么他是如何把经过分类的事情意义委派下去的呢？

美国人皮尔斯提出了有效委派系统的 7 个步骤。

第一步选定需要委派的工作。认真考察要做的各种工作，当你对工作有了清楚的了解以后，还要使你的下属也了解。要向处理这件工作的下属说明工作的性质和目标，要保证下属通过完成工作获得新的知识或经验。切记不要把"热土豆"式的工作委派出去。所谓"热土豆"式工作，是指那些处于最优先地位并要求你马上亲自处理的特殊工作。

第二步选定能够胜任的人。建议你对下属进行完整的评价。

你可以花几天时间让每个下属用书面形式写出他们对自己职责的评论。要特别注意两个职员互相交叉的一些工作。

但有一点也要记住，那就是你要尽量避免把所有的工作都交给一个人去做的倾向。

第三步确定委派工作的时间、条件和方法。大多数管理者上午上班后的第一件事便是委派工作。这样做可能方便管理者，但却有损于职员的积极性。因为他们被迫改变原定的日程安排，工作的优选顺序也要调整。委派工作的最好时间是在下午。

第四步制定一个确切的委派计划。有了确定的目标才能开始委派工作。给职员一份，自己留下一份备查。

第五步委派工作。在委派工作之前，需要把为什么选他完成某项工作的原因讲清楚。关键是要强调积极的一面，同时，还要让下属知道他对完成工作任务所负的重要责任，让他知道完成工作任务对他目前和今后在组织中的地位会有直接影响。

第六步检查下属的工作进展情况。检查太勤会浪费时间；对委派出去的工作不闻不问，也会导致祸患。

第七步检查和评价委派工作系统。当委派出去的工作完成以后，你要在适当的时候对自己的委派工作系统进行评价，以求改进。

第九章 “财神”来了，财才来了

人脉，对于事业而言很重要，我们一定要注意培养自己的人脉。人脉的积累就是事业的进步。

01 "忠言逆耳"的朋友，你有几个？

做事业的过程中，你一定要有能够和你说真话的朋友。每一个人都喜欢听好话，这种心态本身没多大问题。但是如果在做事业的过程中，老是喜欢听好话，然后你会慢慢发现，你听到的都是好话，而最后你的事业也越来越糟糕。原因就在于你喜欢听好话，于是别人就愿意说好话，这样会让你觉得舒心。我们一定要善于听不好的话，这是做事业必须有的标准。做事死脑筋的人往往分辨不出好话和坏话，他们误以为阿谀奉承的话都是好话，最后落得别人笑话。

鹰王和鹰后挑选了一棵又高又大、枝繁叶茂的橡树，在最高的一根树枝上开始筑巢，准备夏天在这儿孵养后代。鼹鼠听到这些消息，大着胆子向鹰王提出警告："这棵橡树可不是安全的住所，它的根几乎烂光了，随时都有倒掉的危险。"鹰王根本瞧不起鼹鼠的劝告，立刻动手筑巢，并且当天就把全家搬了进去。不久，鹰后孵出了一窝可爱的小家伙。但不久，树便倒了，鹰后和它的子女都已经摔死了。看见眼前的情景，鹰王十分后悔没有听从鼹鼠的忠告，毕竟树根的情况它最清楚。

做事业，就一定得听得进真话，就一定得听真话。市场是无情的，它不会因为你想听好话，于是给你拼命地制造好消息。恰恰相反，市场的消息，由于竞争的加剧，很多时候都是负面的。

因此我们一定要保持清醒的头脑，无论我们的事业做到了怎么样的程度，只要我们还在前进中，我们就要学会听不好的话，就要善于听不好的话。就要鼓励别人说不好的话。正是这些话，激励着我们不断前进。

至于那些拼命说好话的人，我们应当尽量疏远。如果不疏远的话，久而久之，我们会对这些人产生一种依赖和感情。这种依赖和感情会让我们丧失评价的标准，最后事业也将一败涂地。

我们要学会听不好的话，要听真话，而不要听那些沾满蜂蜜的好话，那些话不但对我们的事业没有任何帮助，相反，它们只会起负面效果。

02 眼见不一定都为实

也许我们能够明智到不过分相信自己的耳朵，但是我们几乎都相信自己的眼睛。眼见为实，很多时候，我们都无法拒绝眼睛看到的东西。但是，很多时候眼睛看到的东西也是不真实的，如果我们过于相信，我们就将失去公心和公正。做事死脑筋的人也许认为眼见都不为实，那么就没有实际可言了。实际一定是有的，你可以通过询问。

孔子走到陈国和蔡国之间的时候，遇到困境，连野菜汤也喝不上，7天没有吃到一粒粮食，只好在大白天里睡觉。这时候，他的弟子颜回找到一点米，把它放在甑里面煮。饭快熟了，孔子看见颜回抓甑里面的饭吃。过了一会，饭熟了，颜回请孔子吃饭。孔子装着没有看见刚才那件事的样子，站起来说："刚才我梦见祖先，要我把最干净的饭送给他们。"颜回连忙说："不行，刚才有些灰尘掉进甑里，把饭弄脏了一些，我感到丢掉了不好，就用手把它抓起来吃了。"孔子于是慨叹知人不易。

我们不要太相信自己的眼睛。一个上班时间睡觉的人，也许我们第一感觉就是上班时间都不能保障好好工作，这个人该罚。但是如果这个人通宵的时间都是在为公司处理文件，而今天又来准时上班呢？这个时候我们的惩罚是不是失去了公信？

为此，不要过于相信自己的眼睛，我们要综合分析，相信自己对人的综合判断。不仅如此，更重要的是我们要相信别人的说法，没有人愿意被别人看不起，也没有人愿意让别人对自己产生误会，为此我们一定要听别人的说法，而且去相信他。

相信一次不够，相信第二次。相信第二次不够，不妨相信第三次。如果3次都不够的话，那么可以不相信了。第一次叫不知道，第二次叫不小心，第三次叫最后给一次机会。如果我们能够有这样的胸怀去包容别人，我们怎么可能得不到别人的尊重和爱戴呢？如果我们通过这种方式获得了别人的尊重和爱戴，我们的事业怎么可能不成功呢？我们每一个人都不是完人，但是我们要做一个成功的人，就一定要善于倾听别人。真正成功的人不是自己滔滔不绝，置别人于不顾，而是那些愿意倾听别人的人。

我们要学会相信别人的说法，而不要过于相信自己的眼睛。那些自以为明智的人，往往是自作聪明罢了。

03 你的事业需要人脉来承载

你要想做事业，必须有人脉。最高明的做事业的方式就是从人脉做起。人和人之间是有感情的，很多时候这种感情是超越利益的。如果能够和客户建立一种超越利益的感情，事业何愁做不成。做事死脑筋的人往往总是坚持着做事，而忽略了和客户建立一种融洽的关系，最后发现和客户的关系始终停留在生意层面，不牢靠也不长久。高明的企业家绝对不会这样做事。

日本绳索大王岛村方雄在起步之初，深感厂商与客户群体的培养对商家的重要性。于是，他决定要不惜一切代价，建立起自己的客户群。经过 69 次的艰苦努力，他从银行贷款 100 万元。然后在麻绳原产地大量采购麻绳，再以原价售出。

一年之后，"岛村的绳索确实便宜"的名声四方传颂，订单源源不断地飞来。于是，岛村就开始亮开底牌了。他拿着发票收据对绳索生产厂商说：我这么长时间也没赚你的一分钱。厂商很受感动，就把每条绳索的价格降低了 5 分钱。当那些使用绳索的客户看了收据后，也都感到很吃惊，因为天底下根本没有这么做买卖的。

一年之内白白为大家服务，分文未取。真是不可思议。于是，他的客户们心甘情愿地把进货价提高了 5 分钱。这么一来，他一条绳索就赚了一角钱。而他当时一天就有 1000 万条绳索的订货，其利润就有 100 万日元。几年之后，他就成了日本绳索大王。

创业 13 年至今，他的日成交量已达 5000 万条。现在，他的绳索品种已经增加了许多，有塑料绳、缎带、绢带等。每条价格高达 5 元左右。他的老客户都曾是他的原价销售时的直接受益者，所以，这些老客户后来一直在支持他。

做事业就是做人，你事业做得如何成功，在一定程度上表示你人做得如何成功。要想成就某种事业，就必须不断培养自己的人脉，通过人脉的积累，最后让自己的事业登上顶峰。世界上最伟大的企业家一定是人脉关系很好的企业家，他或者通过自己的人格魅力赢得了别人的尊重，或者通过办事能力和与人相处赢得了别人的跟从。

要想成功，就要学会做人脉，不断积累自己的人脉，才能最终获得事业的成功。

04 用春天般的温暖来感动人

人都是被敬倒的，而不是被恐吓倒的。为此我们要善于用温暖，而不是威严去说服别人。也就是说在日常工作中，我们要善于动用自己的非权力影响力，而不是权力影响力。做事死脑筋的人往往摆着一幅公事公办的面孔，要求别人立即办到，这种对人的态度，不仅不能赢得工作的质量，而且还会失去人心。

旅行者穿着一件大衣急匆匆地赶路。大风看见了，便对太阳说："咱们俩来比赛一下吧，看看谁能让这位旅行者脱下他的大衣。"

"好吧。不过，这场比赛一定是我赢。"太阳说。

"你赢？哈哈哈！"大风骄傲地说，"你一定没有见识过我的威力吧。我发起威来，可以吹倒庄稼，吹倒树木，吹倒房子。我能让世界上的一切在我的威力下瑟瑟发抖。别说从他身上吹掉一件大衣，就是把屋顶统统吹翻，我也办得到。"

大风说完，便开始发起威来。它鼓足了劲儿，拼命吹了起来。河水翻起了波浪，树木东摇西晃，鸟儿们躲藏了起来，大地上的万物果然在它的威力下颤抖了起来。

然而那个旅人呢？他不但没有脱掉大衣，而且把大衣越裹越紧，大风累得筋疲力尽，仍然不能让旅人脱掉大衣。

大风无计可施。

"现在看我的吧。"

太阳略略增加了一点温度，慢慢地，旅人感到越来越热，于是他解开了衣扣。过了一会儿，他干脆脱下了大衣。

太阳赢了。

要学会用温暖去说服别人，而不是用威严，任何人都可以摆出一幅威严的面孔，但并不是任何人都有一颗温暖的心。威严的面孔只能赢得别人一时的服从，但是如果自己没有像一只火鸡统帅一群小鸡的位势，这种威严迟早会变成别人心中的怨气。而温暖则不同，当你用温暖的时候，别人也将回报你温暖，你可以不用绩效去考核别人，用监视去防范别人，你也将得到高质量的稳定完成。

05 适时幽一默，彼此都开怀

诙谐幽默是紧张气氛的缓和剂。一个能诙谐和幽默的人显然不会是冷酷无情的人，既然不是冷酷无情的人，自然不用过于紧张，大家可以放开心怀。在具体做事的过程中，我们要善于运用诙谐和幽默的力量，通过诙谐和幽默来达成目标，这是一个目标实现的好方法。做事死脑筋的人往往不懂得诙谐幽默的力量，会误以为那是不正经。其实正经不正经，关键在于结果是否实现，如果结果实现，正经不正经又有什么关系？

在第四次作代会上，萧军应邀上台，第一句话就是："我叫萧军，是一个出土文物。"这句话包含了多少复杂感情：有辛酸，有无奈，有自豪，有幸福。而以自嘲之语表达，形式异常简洁，内涵尤其丰富！

胡适在一次演讲时这样开头："我今天不是来向诸君作报告的，我是来'胡说'的，因为我姓胡。"话音刚落，听众大笑。

一个人做事必须拉近和别人的距离，和别人拉近距离的最好办法就是不要让别人觉得和你相处比较紧张。一个外表严肃的人往往没有多少朋友，原因就在这里。我们要让别人感觉到一种轻松的氛围，在这种轻松的氛围中，我们来共同实现目标。

与人相处是一门高超的艺术，我们要想掌握这门艺术，就必须充分动用自己的魅力，把自己锻炼成为一个别人愿意亲近的人。当我们和别人亲近的时候，做事对于我们来说，显然容易得多，而且很多不必要的矛盾也就不会产生。

每一个人都有自己的特点，都可以按照自己的特点培养出属于自己的幽默。通过幽默的培养，我们不断培养出自己的亲和力，这样有利于目标的实现。我们并不是要成为严肃严厉的人，但是我们一定要成为有亲和力的人。当然亲和力也应该把握度，当过于亲和的时候，往往会招来戏谑。为此，这需要我们不要当老好人或者和事老，要恩威并施。

我们要做事，就要善于和别人拉近距离，通过和别人拉近距离，来推动事业的实现。

06 想要成功，需要认同彼此的价值观

我们和别人合作共事，就不能仅仅停留在表面上的合作。是否是表面的合作，其实每一个人都能够感受到。为此我们要想获得事业的成功，一定首先要得到价值观念上的认同。只有价值观念上认同，大家齐心协力共同提高，我们才能够最终获得事业的成功。做事死脑筋的人或许认为做事就是做事本身，只要完成了目标就可以。事实并非如此简单。

有3只老鼠结伴去偷油喝，可是油缸非常深，油在缸底，它们只能闻到油的香味，根本喝不到油，它们很焦急，最后终于想出了一个很棒的办法，就是一只咬着另一只的尾巴，吊下缸底去喝油，它们取得共识：大家轮流喝油，有福同享谁也不能独自享用。

第一只老鼠最先吊下去喝油，它在缸底想："油只有这么一点点，大家轮流喝多不过瘾，今天算我运气好，不如自己喝个痛快。"加在中间的第二个老鼠也在想："下面的油没多少，万一让第一只老鼠把油喝光了，我岂不是要喝西北风吗？我干吗这么辛苦地吊在中间让第一只老鼠独自享受呢？我看还是把它放了，干脆自己跳下去喝个痛快？"第三只老鼠则在上面想："油是那么少，等它们两个吃饱喝足，哪里还有我的份，倒不如趁这个时候把它们放了，自己跳到缸底喝个饱。"

于是第二只老鼠狠心地放了第一只老鼠的尾巴，第三只老鼠也迅速放了第二只老鼠的尾巴。它们争先恐后地跳到缸底，浑身湿透，一副狼狈不堪的样子，加上脚滑缸深，它们再也逃不出油缸。

如果大家首先没有在价值观上达成共识，每一个心中都有自己的小算盘，那么这份事业很难持续下去。为此，我们在与人共事的时候，一定要高度重视价值观的统一问题，只有一群有着共同价值观的人，才能够不仅仅是表面上的合作，才能够推动事业的持续做大做强。

你想成大事，你就要明白与人共事并不仅仅是表面上的合作，要和别人真的做到志同道合，共同推动一份事业走向长远。

07 让对手来为自己服务

如果我们能够把一个敌人转化成为朋友，那么对于自己来说，不仅少了一个敌人，而且多了一个朋友。在做事业的过程中，人要善于把敌人转变成为自己的朋友。事实上，哪有永远的敌人，绝大多数敌人都是可以转化成为朋友的。做事死脑筋的人或许认为敌人就是敌人，永远都要决一死战。然而在现实中，我们发现真正的成功者往往善于将敌人转变成自己的朋友。

欧玛尔是英国历史上唯一留名至今的剑手。他有一个与他势均力敌的敌手，同他斗了30年仍不分胜负。在一次决斗中，敌手从马上摔下来，欧玛尔持剑跳到他身上，一秒钟内就可以杀死他。

但敌手这时做了一件事——向他脸上吐了一口唾沫。欧玛尔停住了，对敌手说："咱们明天再打。"敌手糊涂了。

欧玛尔说："30年来我一直在修炼自己，让自己不带一点儿怒气作战，所以我才能常胜不败。刚才你吐我的瞬间我动了怒气，这时杀死你，我就再也找不到胜利的感觉了。所以，我们只能明天重新开始。"

这场争斗永远也不会开始了，因为那个敌手从此变成了他的学生，他也想学会不带一点儿怒气作战。

做事业，我们必须有一份胸怀，这份胸怀足以将敌人转化成为朋友。我们要永远相信人生没有永远的敌人，任何商业的竞争对手都可能成为我们的朋友。为此我们在遇到竞争对手的时候，我们都要用一种友善、一种大度去面对。其实，做事业过程中，谁是谁非，有些时候很难说清楚。为此，我们不要认为我们所坚持的就一定是绝对的真理，而他们所要求的纯属无理取闹，我们要站在对方的角度考虑问题，如果是我们，竞争手段恐怕有过之而无不及。

盘活做事的思路就要学会化敌为友的艺术，不要将敌人永远看成敌人。在具体的事业中，我们不光有竞争，而且更多的可能在于合作。为什么我们不能和我们的竞争对手共同合作呢？

08 想要人缘好，热情不能少

一个人热情快乐会感染人，进而也让自己拥有很好的人缘。我们不要试图把自己变成黑脸包公，我们生活在这个社会上，但我们不是生活的判官，我们是生活的参与者。在做事业的过程中，我们也不是事业的判官，哪怕自己是领导者，也不是所有事情的判官。为此，我们要将自己定位为参与者，用一种热情和快乐的心态共同参与。做事死脑筋的人或许认为热情快乐，拥有好人缘，对事业并没有很大的帮助。其实恰恰相反，正是因为热情快乐，所以事业才获得了持续的动力，才有了最本质的意义。

去过庙的人都知道，一进庙门，首先是弥勒佛，笑脸迎客，而在他的背后，则是黑头黑脸的韦陀。但相传在很久以前，他们并不在同一个庙里，而是分别掌管不同的庙。

弥勒佛热情快乐，所以来的人非常多，但他什么都不在乎，丢三落四，没有好好管理账务，所以依然入不敷出。而韦陀虽然管账是一把好手，但成天阴着个脸，太过严肃，搞得人越来越少，最后香火断绝。

佛祖在查香火的时候发现了这个问题，就将他们俩放在同一个庙里，由弥勒佛负责公关，笑迎八方客，于是香火大旺。而韦陀铁面无私，锱铢必较，则让他负责财务，严格把关。在两人的分工合作中，庙里一派欣欣向荣景象。

我们每一个人，无论自己多么有才华，无论自己多么有能力，都要善于与人相处，都要善于收获一份好人缘。我们要学会热情快乐起来，让我们的热情快乐去感染别人，让别人也热情快乐起来。通过这样一种热情快乐，我们共同把事业做好。其实，所有人的心中都曾经渴望一种简单快乐，这种简单快乐让自己活得有滋有味。

想要共同做成一件事，就要学会用一种热情快乐去感染人，通过感染人，大家共同把事业做好。

09 不想两败俱伤，就不能窝里斗

窝里斗的结果，永远都只有一个，那就是两败俱伤。没有人喜欢窝里斗，但是到最后很多人都在不断窝里斗。尽管很多人明白窝里斗的结果，但是还是停止不了自己的行为。有些时候，人争的不是利益，而是一口气。其实争赢了又怎么样，争输了又能怎么样？但是人们还是愿意去争，以至于后世的人都表示不理解。做事死脑筋的人往往由于固执，而导致矛盾丛生，最后演变成为窝里斗。

从前，某个国家的森林内，喂着一只两头鸟，名叫"共命"。这只鸟的两个头"相依为命"。遇事向来两个"头"都会讨论一番，才会采取一致的行动，比如到哪里去找食物，在哪儿筑巢栖息等。

有一天，一个"头"不知为何对另一个"头"发生了很大误会，造成谁也不理谁的仇视局面。其中有一个"头"，想尽办法和好，希望还和从前一样快乐地相处。另一个"头"则睬也不睬，根本没有要和好的意思。

如今，这两个"头"为了食物开始争执，那善良的"头"建议多吃健康的食物，以增进体力；但另一个"头"则坚持吃"毒草"，以便毒死对方才可消除心中怒气！和谈无法继续，于是只有各吃各的。最后，那只两头鸟终因吃了过多的有毒的食物而死去了。

以大局为重，说起来容易，但真正做起来却很难。但是尽管难，也必须做到，因为如果不能做到大局为重，最后只可能毁掉事业的根基。我们要避免窝里斗，首先就要学会用一种正确的观念看待是非，我们每一个人都有缺点，在工作中不可避免地暴露出自己的缺点，为此会造成很多的矛盾。如果别人暴露出了缺点，我们一定要有包容的心，不要过于计较，也不要和别人对着干；如果是自己暴露出了缺点，我们一定得反省，不要欲盖弥彰。我们得承认，我们每一个人都不是完人。正因为我们每一个人都不是完人，所以我们希望共同努力，来推动一项事业。

第十章 在正确的时间用正确的头脑把握正确的机会

　　有时候，许多机会里蕴藏着让人一败涂地的危机，而许多危机中却酝酿着置之死地而后生的绝佳机会。的确，现实生活中的机遇是富有神奇色彩的，有时候是化作另外一种形式呈现在你的面前，你若用能谋善断的智慧识别它、把握它，必能创造辉煌的人生，成就伟大的事业。

01 深谋善断，绝不坐失良机

缺乏迅速果敢和机动灵活应变能力的人，只能坐失良机。

杰出人的突出特点就是性格果决，多谋善断。决策果断是人格心理的优良品质，它影响到人的行为的成败。缺乏果断品质的人，遇事优柔寡断，在做决定时，往往犹豫不决，而在做出决定之后，又不能坚决执行。

在《三国演义》一书中，关于诸葛亮多谋果断的故事，有很多描述。

西蜀的街亭被司马懿夺走之后，司马懿又率大军50万去夺取诸葛亮驻守的西城。当时城中只有2500名老弱残兵，这是一座空城。面对强大的敌人，战也不能战，守也守不住，又不能逃跑。在这千钧一发的困境中，诸葛亮毫不犹豫地隐匿兵马，城门大开，令少数几个老兵装作平民百姓打扫街道。他自己登上城楼，面对城外而坐，弹琴，饮酒，怡然自得，好一派永庆升平的景象。正是这场"空城计"，使司马懿仓皇逃走，诸葛亮扭转了战局，由败转胜。诸葛亮决策果断，堪称典范。

影响果断品质的因素有多种：

第一，有广博的知识和丰富的经验。谋略与知识是密不可分的，只有知识面广才能足智多谋；孤陋寡闻的人，只能导致智力枯竭。诸葛亮在未出茅庐之时，就上知天文下晓地理，对天下大势了如指掌，就已经制定了东联孙吴，北拒曹魏，三分天下有其一的对抗战略。可见他能果断地制定"空城计"的谋略也就不足为奇了。

第二，果断是经过充分估计客观情况，认真研究和掌握交往对象的各种情况而产生的谋略。曹操率领百万大军进犯江东孙权疆界，东吴朝野上下，主战、主降者各执一词，孙权也犹豫不决。

出使东吴的诸葛亮，详细分析了曹操的各种情况。诸葛亮认为，曹操号称百万之师，其实不过四五十万，而且降兵将多，军心不稳，没有战斗力，曹兵皆北方人，不服南方的气候、水土，不习水战，难以制胜。这样的分析，使孙权点头折服，接受了诸葛亮的东吴与西蜀联手抗曹的谋略。这从降到战的转变，正是由于分析和掌握作战对象的情况而制定的。

诸葛亮设计"空城计"，也正是他经过深思熟虑后对司马懿心理状态的正确判断。正如诸葛亮后来所说："此人料吾生平谨慎，必不弄险，见如此模样，疑有伏兵，所以退去，非吾行险，概因不得已而用之。"

第三，对较为复杂的交往活动，为了实现谋略，往往需要同时设想多种方案，以便主体能得以选择最理想的交往谋略去指导交往。

第四，要把握时机，适时地做决定。俗语说："机不可失，时不再来。"交往的谋略要适合一定的机会，一定的谋略总是在特定时间和地点，在特定条件下才能成功，谋略也是随着时间、地点、条件的变化而变化。

在《钢铁是怎样炼成的》一书中曾讲述过这样一段故事：保尔·柯察金在途中见到自己的战友朱赫来被敌人的一个士兵押解着。这时，保尔的心狂跳起来，猛然想起自己衣袋里的手枪。于是决定等他们从身边走过时，开枪射死敌士兵，但是一个忧虑的念头又冲击着他："要是枪法不准，子弹万一射中朱赫来……"就在这一刹那之间，敌人士兵已走近面前，在这关键时刻，保尔出其不意地一头扑向那个士兵，抓住了他的枪，死命地往下按……朱赫来终于得救了。

这段故事充分表现了保尔·柯察金的这个决定是果断有力的。

果断不同于冒失或轻率。果断是经过深思熟虑，充分估计客观情况，迅速做出有效的决定；在根据不足，又容许等待时，善于等待，并进行准备；在情况发生变化时，又善于根据新情况，及时做出新决定。

02 对症下药，在变局中求生存

时势造英雄，机会往往伴随着变局而来。

在变局中求生存，是几千年来中国民间的一种心照不宣的生存哲学，一切都是为了活下去而已。"变"的表现形式千变万化，最令人难以捉摸，有大变，有小变，有全局变，有局部变，有质变，有量变，认识到变化并不是一件难事，难在认识到所面临的变化的性质和特征，因为只有这样，才能对症下药，应对变化。

李鸿章的长处正在于此，顷刻地把握了变化的特征，认识到当时的变化是全局性的变化，是质变，是千古未有之奇变，培养了大局观，因为明变，使他引领风潮，成为当时社会最有见识的实力派官员。

李鸿章所处的时代，是中国社会剧烈动荡和社会性质发生变异的特殊时期。空前强大的外国侵略者，威胁着清廷的生存。这些侵略者不仅只用少数兵力就直捣中国的京城，迫使咸丰皇帝俯首求和，而且，其侵略触角还广泛地伸向中国的政治、经济、军事、文化诸多领域，引起中国政治格局和社会生活的巨大变异。

第一次鸦片战争时期，国门刚被打开，一些有识之士就已察觉到，中国正面临着"千古之变局"，甚至发出了"此华洋之变局，亦千古之创局"的惊呼。第二次鸦片战争的后果更令人触目惊心，一些进步的思想家如冯桂芬、薛福成、王韬等，或著文，或上书，痛陈列强侵略深入的现状，论证中国正在经历着"千古变局"。

19世纪50年代初，李鸿章投身镇压太平天国。在与外国侵略者的军事合作中，李鸿章获得了许多对西方的感性认识，开阔了视野，因而较快地接受了"变局"的观点，并结合切身的体验，形成了自己的时局观。

同治三年（1864）秋，李鸿章在致友僚的信中，就以"外国利器强兵百倍中国，内则狎处辇毂之下，外则布满江海之间"来描述西方列强深入侵略的状况。1865年，他又在一封私人的信函中，以"千古变局"来概括时势。同治十一年（1872）六月和同治十三年（1874）十二月，他分别写了两份奏疏，全面论述了时局的特点。在第一份奏疏中，他写道：

"欧洲诸国百十年来，由印度而南洋，由南洋而东北，闯入中国边界腹地。凡前史之所未载，亘古之所未通，无不款关而求互审。我皇上如天之度，概与立约通商，以牢笼之。合地球东西南朔九万里之遥，胥聚于中国，此三千余年一大变局也。西人专恃其枪炮轮船之精利，故能横行于中土。中国向用之弓矛小枪土炮，不敌彼后门进子来福枪炮；向用之帆蓬舟楫艇船炮划，不敌彼轮机兵船，是以受制于西人。"

在第二封奏疏中，他写道：

"历代各边多在西北，其强弱之势，客主之形，皆造相埒，且犹有中外界限。今则东南海疆万余里，各国通商传教……阳托和好之名，阴怀吞噬之计，一国生事，诸国惑煽，实为数千年来未有之变局。轮船电报之速瞬息千里；军器机市之精工力百倍。炮弹所到，无坚不摧，水陆关隘，不足限制，又为数千年来未有之强敌。"

李鸿章对王韬等人的观点做了进一步发挥，使"变局"观的论据更全面，更充实，在朝中产生了较大影响，引起了较广泛的共鸣。

李鸿章对时局的认识，首先在于承认"变"，并且十分重视这个"变"。这代表了清廷内外一部分较能正视现实并想努力加以挽救的官僚士大夫的思想，而与另一些闭目塞听的顽固派相区别。他常用这种变局观批驳那些不识时务者，抨击许多"士大夫囿于章句之学，而昧于数千年来一大变局，狃于目前苟安"，以唤起人们的民族忧患意识。

他不止一次提醒清政府："自古用兵未有不知己知彼而能决胜者，若彼之所长，己之所短尚未探讨明白，但欲逞意气于孤注之掷，岂非视国事如儿戏耶？"希望清廷能从故步自封妄自尊大的密封圈中摆脱出来，关注宫墙外世界的变化，承认数千年来雄踞东方的泱泱大国已成为列强欺凌宰割对象的现状，承认敌强我弱的事实，认清形势，设法力挽大厦将倾。

变局观是李鸿章政治主张的出发点，也是他推行洋务运动及考虑各项对内对外政策的主要客观依据。他迫切要求改变这种现状，并且，还发出了"我朝处数千年未有之奇局，自应建数千年未有之奇业"的豪言壮语，并认定只要"内外臣工，同心同等，以图自治自强之要，则敌国外患未必非中国振兴之资，是在一转瞬间而已"。

李鸿章较早地感触到了中外关系和客观环境的巨变，认识到中国与西方在武器和科学技术上存在的巨大差距，从而吁请清政府适应形势，学习西方的长处，力图自强，其思想具有开明性、进步性。同时，正因为他准确地把握了当时的局势，使得他成为晚清政府离不开的人物。基于变局的认识，李鸿章推动深化洋务运动，利用自己的实力和影响，将中国引上近代化的道路，发挥了积极的作用。

03 主动出击，抢前一步抓机会

好机会天天都有，坐在家里等不来，还要自己费心去寻找。

现代竞争在很大程度上就是机会的竞争，机会是至为宝贵的。因此，一个优秀的人在机会来临的时候，是绝不会放过机会的。

不要认为那些成功者有什么过人之处，如果说他们与常人有什么不同之处，那就是当机会来到他们身边的时候，立即付诸行动，决不迟疑，这就是他们的成功秘诀。

上帝是公平的，他赐予每个人以相同的机会。但是有的人成功了，一跃成为商业巨人、上层名流。而有的人终日庸庸碌碌，一事无成。原因就在于有人抓住了机遇办成了事，有的人却让机会轻易溜走。

机会不是一种经过驯化的动物，它也有反咬一口的能力。一个发财的机会，处置得宜，则财源滚滚；处理失当，也可能使自己蒙受重大损失。这就是很多人在机会降临时却畏缩不前的原因。能否成为大商人，不仅是能力问题，也要看你有没有一决胜负的魄力。

很多人把自己无所成就的原因归结于没有遇到好机会。也许确实如此。但没有遇到好机会不等于没有好机会。你有真知灼见，藏在心里，别人就不知晓；你有盖世才华，从不显露出来，别人怎么会重用你？只有努力展示自己，才可能获得更好的机会。有时候，还需要跳起来，去争取那些好像不属于自己的机会。

晋献公时，东郭有个叫祖朝的平民，上书给晋献公说："我是东郭草民祖朝，想跟您商量一下国家大计。"

晋献公派使者出来告诉他说："吃肉的人已经商量好了，吃菜根的人就不要操心吧！"

祖朝说："大王难道没有听说过古代大将司马的事吗？他早上朝见君王，因为动身晚了，急忙赶路，驾车人大声吆喝让马快跑，坐在旁边的一位侍卫也大声吆喝让马快跑。驾车人用手肘碰碰侍卫，不高兴地说：'你为什么多管闲事？你为什么替我吆喝？'侍卫说：'我该吆喝就吆喝，这也是我的事。你当驭手，责任是好好拉住你的缰绳。你现在不好好拉住你的缰绳，万一马突然受惊，乱闯起来，会误伤路上的行人。假如遇到敌人，下车拔剑，浴血杀敌，这是我的事，你难道能扔掉缰绳下来帮助我吗？车的安全也关系到我的安危，我同样很担心，怎么能不吆喝呢？现在大王说'吃肉的人已经商量好了，吃菜根的人就不要操心吧'，假设吃肉的人在决定大计时一旦失策，像我们这些吃菜根的人，难道能免于肝胆涂地、抛尸荒野吗？国家安全也关系到我的安危，我也同样很担心，我怎能不参与商量国家大计呢？'"

晋献公召见祖朝，跟他谈了3天，受益匪浅，于是聘请他做自己的老师。

祖朝不过是一个平民，跟高官厚禄相距遥远，好像没有什么受重用的好机会。但他主动跳起来，跳得高高的，让人看到了他与众不同的才能，他就得到了机会。

很多有才能却抱怨"英雄无用武之地"的人，为什么要待在那里等别人来发现自己、重用自己呢？何不跳起来抓机会呢？这个道理，就像你有一件珍宝，想卖出去，既然没有人上门求购，就只有自己主动上门推销。在买方卖方之间，必有一方主动。既然别人不主动，自己何不主动一点呢？

04 当机立断，早做决定

事之成败皆在于果敢决断，许多优秀的领导者就是因为他们做事不犹豫，该断则断，摒弃了优柔寡断的不良品质，所以大有成就。

曹操事业之成功，其酷虐、机变的个性及表现，在扫荡政敌，诛除异己，树威秉势，以猛药治乱世上，固然发挥了特殊作用，然而，单凭树威乘势还不足以成大业，还需具备审时度势，多谋善断，知人敢任，施恩尽能的特殊才能、智谋和魄力才行。在这方面，曹操显露出政治家、军事家非凡的雄才大略。

曹操在知人敢任，用才尽能方面，确实表现非凡，同袁绍"矜愎自高，短于从善"形成鲜明对比。连诸葛亮都说："曹操比于袁绍，则名微而众寡，然操遂能克绍，以弱为强者。非惟天时，抑亦人谋也。"

曹操"能断大事"，占得先机，夺取政治、军事上的主动权，被人称为"谋胜"。仅举一事加以论述：

建安元年春，汉献帝流落安邑，献帝虽是个名存实亡的傀僭，但在汉末天下分崩的形势下，依然是最高权力的象征。当时，从中央到地方的臣僚，拥护汉室的正统观念还很强。所以，有头脑、有远见的政治家都想把汉献帝抓到手。从当时的力量来看，袁绍是最具有此条件的。

在决定是否迎纳献帝这一至关重大的问题上，袁绍的确像荀彧说的那样"迟重少决，失在后机"，暴露了"志大而智小，色厉而胆薄"、多谋少决、优柔寡断的致命弱点，拒绝了沮授的建议，而丧失了先机迎纳汉献帝的主动权。沮授的警告和预言算说准了："若不早图，必有先人者也"，这个"先人者"恰恰就是袁绍的对头和克星曹操。

当时在是否迎纳汉献帝的问题上，曹操内部也发生了一场争议。曹操召集会议，商议奉迎汉献帝于许都一事时，大多数都持反对意见，荀彧不以为然，独排众议，主张奉迎汉献帝。荀彧的"奉主上以从民望，秉至公以服雄杰"的战略思考和"若不时定，四方生心"的劝告，同沮授所讲"挟天子而令诸侯"、"若不早图，必有先人者"完全是不谋而合。这足以说明，时势如此，英雄所见略同。曹操在这稍懈即逝的机遇面前，果断地采纳了荀彧的建议，奉迎汉献帝。恰逢董承不满韩暹矜功专恣，难以共事，暗地派人请曹操带兵去洛阳勤王。这样，曹操便名正言顺地带兵赴洛阳朝见汉献帝。随即在朝廷任议郎的董昭建议曹操，以"京都无粮，欲车驾暂幸鲁阳，鲁阳近许，转运稍易，可无县乏之忧"为理由，不使杨辛等人生疑。曹操欣然采纳，顺利地将献帝奉迎到许昌。自此，董昭便成为曹操的心腹谋士。

这件事处置得实在果决、漂亮，充分显示出曹操"能断大事，应变有方"、"谋胜"于人的卓越才能。在当时引起强烈的社会反响，尤其是袁绍得知汉献帝被曹操奉迎到许，后悔不迭，于是穷思竭虑，又想出了补救办法：以他盟主身份，借口"许下坤湿，洛阳残破。宜徙都鄄城"，实际上是令曹操把汉献帝迁到鄄城以自密近，便于得机将其控制在自己手上。

曹操根本不买账，转请献帝发下一道诏书责备袁绍："地广兵多，而专自树党，不闻勤王之师，但擅相讨伐"，迫使袁绍上书陈诉一番。

这正是曹操"奉天子以令天下"策略的妙用。优柔寡断的袁绍丧失了汉献帝这张王牌，处处便受制于曹操，而曹操则由此掌握了天下大权，在群雄中脱颖而出。

那些优柔寡断的人，请记住德国伟大诗人歌德这句富有哲理的话："长久地迟疑不决的人，常常找不到最好的答案。"

05 控制情绪，从容不迫是高手

要成为一个成功的人士，就必须先成为一个从容不迫的人。

伟大人物在任何时候都显得那么从容不迫。因为他们懂得，"慌乱"对解决问题毫无意义。培养从容不迫的习惯是非常重要的，这样，我们就可以在任何场合都能应付自如。

惊慌失措不仅会使自己无法正常思考，而且会让周围的人慌作一团。我们经常会看到这样一个场面，面对突然变故，一些核心人物总会大喝一声："慌什么？"这句话一半是提醒别人，另一半则是在暗示自己。惊慌容易使人失去正常的思考能力，使人丢三落四，语无伦次。遭遇惊慌，要有意放慢你的节奏，越慢越好，并提醒自己说："不要慌！不要慌！"这样，你就会慢慢地变得镇静，从而恢复大脑正常的思维，以应付突变。

如果你从未在大场面露过面，那么，你一到人多的场所，尤其是在讲话或做报告时，就会浑身不自在。克服这种情况是要在心理上把所有的人都当做朋友，向他们点点头，大声地打招呼，他们也会向你致意，这无疑会拉近你们之间的距离，尽管他们可能永远也想不起曾经在哪儿见过你，但你却因此而摆脱了紧张的心理。只要有机会你就主动站出来当众讲话。这是一种简便易行的锻炼方法。自我锻炼，有意识地锻炼，你就会养成从容不迫的习惯。

下面用洛克菲勒的一件事情，来说明控制好自己的情绪，让自己从容不迫是多么的重要。

当年，洛克菲勒在某案件中受审时，因为在面对对方激情的询问时，保持了一种平和克制的态度，而且，在回答问题时也不动声色，从而赢得了那场官司。当时，对洛克菲勒提出质问的那个律师在态度上似乎明显地怀着某种恶意，如果按我们一般的想法，洛克菲勒即使发火、生气，甚至拍案而起，大发雷霆，都是情有可原的。但是，洛克菲勒没有那样做，他很好地控制和处理了自己的情感。

"洛克菲勒先生，我要你把某日我写给你的那封信拿出来！"那个律师用一种非常粗暴的口气说。

那封信是质问关于美孚石油公司的许多事情，而这些事情那个律师在法律上并没有权力去质问。

"洛克菲勒先生，这封信是你接的吗？"法官问洛克菲勒。

"我想是的，法官先生。"洛克菲勒平静地说。

"你回那封信了吗？"

"我想没有。"

然后，那个律师又拿出了许多别的信来，也照样宣读了。

"洛克菲勒先生，你说这些信件都是你接的吗？"

"我想是的，先生。"

"你说你没有回复那些信吗？"

"我想我没有，法官先生。"

"你为什么不回复那些信件？你认识我，不是吗？"那个律师咄咄逼人。

"当然！我从前是认识你的！"

洛克菲勒所回答的这句话的用意是那么的明显，以至于那个律师气得差不多快要开始发疯了。法庭上一片寂静，大家都毫无声息地坐着，静听着法庭上的唇枪舌剑。而洛克菲勒坐在那里纹丝不动。

这就是从容不迫的力量！这就是控制自己情绪的力量！

那些有过辉煌的人物，那些天才的大人物，都曾经驾驭过别人，都有战胜一切阻碍其发展的力量，但是，他们最先战胜的是自己的情绪，因为战胜了自己的情绪，他们就在关键时刻显得从容不迫，接下来的一切都变得简单起来。

06 跌倒了不要空手爬起来

准备接受最坏结果，向最好的结果努力，是应对挫折的一个好办法。

能够认为苦难才是机会的人，是会获得成功的人。没有这种想法，苦难会带来更多的苦难。人生中有很多障碍或苦难，同时所有苦难都藏匿着成长和发展的种子，但能发现这些种子，并很好培养出来的人，往往只有少数。

工作中遭遇重大挫折，是每个奋斗者都有过的经历。当"坏事"已经降临，悔恨，抱怨，痛苦，都没有价值，不如从事情变坏的原因着手，设法修正它。任何一件事都是由许多要素构成的，全部做对或全部做错的情况极少。所谓失败，通常只是某些事情没有做好，并不是一无是处。只要搞清原因，加以改进，事情或许就有转机。即使无法挽回，也可以确保下次不会再发生同样的失败。

"化妆品女王"玛丽·凯是一个雄心勃勃的女人，到了离休的年纪，她忽然萌生创业的念头，创办了一家化妆品公司。为了提高知名度、打开销路，她决定拿出有限的积蓄，举办一个产品展销会。她对这次展销会抱有很大期望，结果却事与愿违。这天，她总共只卖出 1.5 美元。她难过得无以复加，再也没心情在会场待下去了，驱车匆匆离去。转过一个街角，她再也控制不住情绪，伏在方向盘上号啕大哭。

哭过一阵之后，伤心的感觉减轻了不少，恐惧又攫住了她的心：这回将养老金都搭进去了，万一创业失败，以后的日子可怎么过呀！想到这里，她心乱如麻。

过了许久，她克制住恐惧情绪，暗暗安慰自己："也许事情没有那么糟，我应该想个办法解决问题。"她的心渐渐平静下来，开始思索失败的原因。她一项一项分析，始终不得要领。忽然，她脑海里电光一闪，明白自己犯了一个常识性错误：忘了向外散发订货单。那么，客户自然会认为她只是展览而非售卖。

找出了原因，就不会在同一块石头上绊倒。当她第二次举办展销会时，各项准备工作都做得很好，办得非常成功。后来，她的产品行销世界各地，公司员工多达十余万人，她本人也成了举世公认的"化妆品女王"。

俗话说："人没有被山绊倒的，只有被石头绊倒的。"工作中的挫败，多数是因为一些细小环节出了问题，并非不可补救。

即使事情不可逆转，至少应该输得明明白白。

　　但是，人们常常被眼前的挫折弄得心神不宁，脑子里设想种种不妙的后果，以至于没有时间检讨遭遇挫折的原因。这时候该怎么办呢？不如直接想到最坏结果——假设这件事带来了最坏结果，将会如何？你也许会发现，事情并没有那么可怕。然后，你从最坏的结果出发，向较好的结果努力，事情也许会发生可喜的变化。

　　美国企业家威利斯·卡瑞尔年轻时，曾在一家铸造厂当员工。有一次，他负责给一家公司安装了一台瓦斯清洁机。因操作失误，安装失败了，可能导致这台清洁机报废，给公司造成 2.5 万美元的损失。卡瑞尔心里懊恼不已，他不知道老板会如何看待这件事，也不知道怎样的坏运会降临到自己头上，他每天担心着这件事，以至吃不下、睡不着。后来，他突然想通了："大不了被老板开除，那又怎样？凭我的技术，难道找不到工作？"

　　想到这些，他的心情安定多了，接下来，他一门心思研究如何解决问题。经过反复实验，他发现，只要再多花 5000 美元，加装一套辅助设备，就可解决问题。结果，在这件生意上，公司非但没有亏钱，还赚了 2 万美元，卡瑞尔也因出色的应变能力，受到老板的赞赏。

　　任何一件事，最后都只有一种结果，人们之所以惊恐不安，是因为不停地设想各种可怕的结果，使头脑发生了混乱。假如最坏的结果也可以承受，这件事又有什么可怕呢？而许多人一陷入困境，就悲观失望，并给自己施加很重的压力，其实，应告诉自己，困境是另一种希望的开始，它往往预示着明天的好运气。因此，你应该主动给自己减压。

　　只要放松自己，告诉自己希望是无所不在的，再大的困难也会变得渺小。困境自然不会变成阻碍，而是又一次成功的希望。

能够获得成功的人到底是怎样的人呢？

第一是决心要克服苦难的人。没有这种决心的话，不管再怎么说"苦难才是机会"，也只会变成以另一种苦难结束的悲剧。

第二是能够认为苦难才是机会的人。没有这种想法，苦难会带来更多的苦难。

碰到危机时，一部分人会陷入恐怖状态，另一部分人反而会利用这个机会取得成功。这种差别才是改善人生的决定性的差别。

我们应记住，不管怎样不利的条件，只要我们能正确处理，都可能把它转变为有利的条件。在欢喜状态时，人们大都不会自我反省，也没有上进心。相反，在苦恼或挫折面前，倒经常会进行自我反省，因此反而有得到真正的幸福和欢乐的机会。

07 祸兮，福之所倚；福兮，祸之所伏

福祸相依，好事和坏事都有可能是一次机会。

一件坏事所能造成的损失通常没有人们想象得那么大，由于人们痛恨坏事，恨不得离它越远越好，急于抛弃它，以致把其中许多带来好处的方面一齐抛弃了，得到的是最坏的结果。

平庸的商人只能从好事中赚钱，优秀的商人从坏事中也能赚到钱。这是两种不同的境界。

有一家厂商，卖了一台有质量问题的汽车给一个顾客。顾客投诉时，厂商却认为产品质量没有问题，置之不理，结果引

起一场官司。这场官司被新闻界炒得沸沸扬扬，厂商的销售额因此急剧下降。因为公众普遍认为它缺乏负责任的态度。原本只是一辆汽车的问题，最后却影响到很多汽车的销售，这不是从坏事中得到了最坏的结果吗？

聪明的人永远不会做这种最坏的选择，他们知道怎样从坏事中获益。比如，他们也会遇到质量问题，处理方法却大不相同。

1988年，南京发生了一起电冰箱爆炸事件，出事的是沙市电冰箱总厂生产的"沙松"牌冰箱。电冰箱居然会爆炸，这在全国尚属首例。此事见诸报端后，引起众多冰箱用户的惊恐。

沙市电冰箱总厂获此信息，火速成立了一个由总工程师、日本技术专家等组成的调查小组，奔赴南京。他们本着负责任的态度，通知新闻媒体，允许媒体现场跟踪报道，向市民反映真实情况。

到了出事现场，日本专家对爆炸冰箱进行检查，发现压缩机工作正常，制冷系统工作正常。很显然，爆炸跟冰箱本身无关，因为冰箱的壳体是不可能爆炸的。

厂方代表问事主在冰箱里存放了什么物品，但事主拒不回答，只是要求赔偿一台新的冰箱。为了尽快弄清真相，厂方同意无论什么原因引起爆炸，都赔给他一台冰箱。这样事主才承认，自己在冰箱中存放了易燃易爆的丁烷气瓶。至此，事情真相大白。沙市冰箱总厂虽然为此事耗费了大量人力物力，但这种负责的态度经多家媒体报道后，知名度和美誉度大大提高，它的产品销售也迅速看涨。

任何报废的物品都有残存的价值，任何坏事中都有可以利用的机会。就像用一块朽木能雕成一个艺术品一样，你甚至能发掘出比坏事本身更大的价值。这当然需要一点独具匠心的运作手段。

　　高明的商人也是利用坏事的专家，即使从损失金钱这种切肤之痛的事情中，他们也能发掘出赚到更多金钱的机会。这正是他们能在任何环境条件下都能致富的原因。

　　好事或坏事，原本没有明显的界线，它们最后带来何种结果，全看当事人的手腕魄力。从好事中获益，那是傻瓜也会干的事，可惜天下哪有这么多好事？因此，一个人的成功，往往取决于他有没有将坏事变成好事的能力。